歴史人 特別編集 完全保存版「零戦の真実」

CONTENTS

表紙写真／吉田一（撮影）、雑誌『丸』（写真提供）
題字／武田双雲
表紙デザイン・レイアウト／野村高志＋KACHIDOKI

【完全保存版】

零戦の真実

菅野直（写真提供／雑誌『丸』）

※本誌は、月刊『歴史人』２０１１年６月号の記事に、新規企画を加えて再編集したものです。

零戦21型（撮影／藤森篤）

【保存版特集】

零戦の真実

日本海軍の主力戦闘機として活躍した零戦こと「零式艦上戦闘機」。高い戦闘能力と、長い航続距離を併せ持ち、米軍内部で「ゼロとは闘うな」との指令が出たほどの名機であった。卓越した性能と、搭乗員の操縦技術により、零戦は一気にアジアの空を席捲する。しかし戦いが長期化するにつれ、後継機開発の遅れ、物資の不足などから、次第に戦局は悪化していく。それでもなお最後まで前線に立ち続け、困難に立ち向かった零戦の戦いの軌跡は、まさに太平洋戦争そのものであった。永遠の名機「零戦」の性能、戦い、伝説のエース達の真実の姿を明らかにする。

CG制作／後藤克典

東京都生まれ。長野県諏訪市在住。CG制作のプロフェッショナル。ミリタリー系をはじめ、古代遺跡など、多岐にわたるジャンルで活躍。出版、TVなどの商業メディア向けCG制作をはじめ、コンセプト・ビジュアルCG制作などを手がける。主な著作に「航空100年―歴史を駆け抜けた傑作機100機」「CG世界遺産シリーズ」（双葉社）など。

真珠湾攻撃、ミッドウェー海戦、レイテ沖海戦まで
歴史に残る零戦の死闘の数々

超リアルCGで再現する
零戦名戦闘シーン

俊敏な旋回と宙返りで
敵機の背後にピタリと迫る零式艦上戦闘機。
その名機を、自らの手足のように自在に操る熟練の操縦士たち。
海戦での主役交代も告げる戦いとなった真珠湾攻撃から、
零戦無敵神話の絶頂であるラバウル航空隊、
零戦初の特攻出撃となったレイテ沖海戦まで
歴史に残る名戦闘シーンが、超リアルCGでよみがえる！

監修・執筆／三野正洋

CG制作／山本聰
巧みな3DCGによって、零戦など日本軍戦闘機等をリアルに再現。主な作品集に、日本の航空100周年記念として出版された『BEST SHOT 3D data CG 日本機光景画集』（文芸社）など多数。
http://www.cityfujisawa.ne.jp/~3104yama/

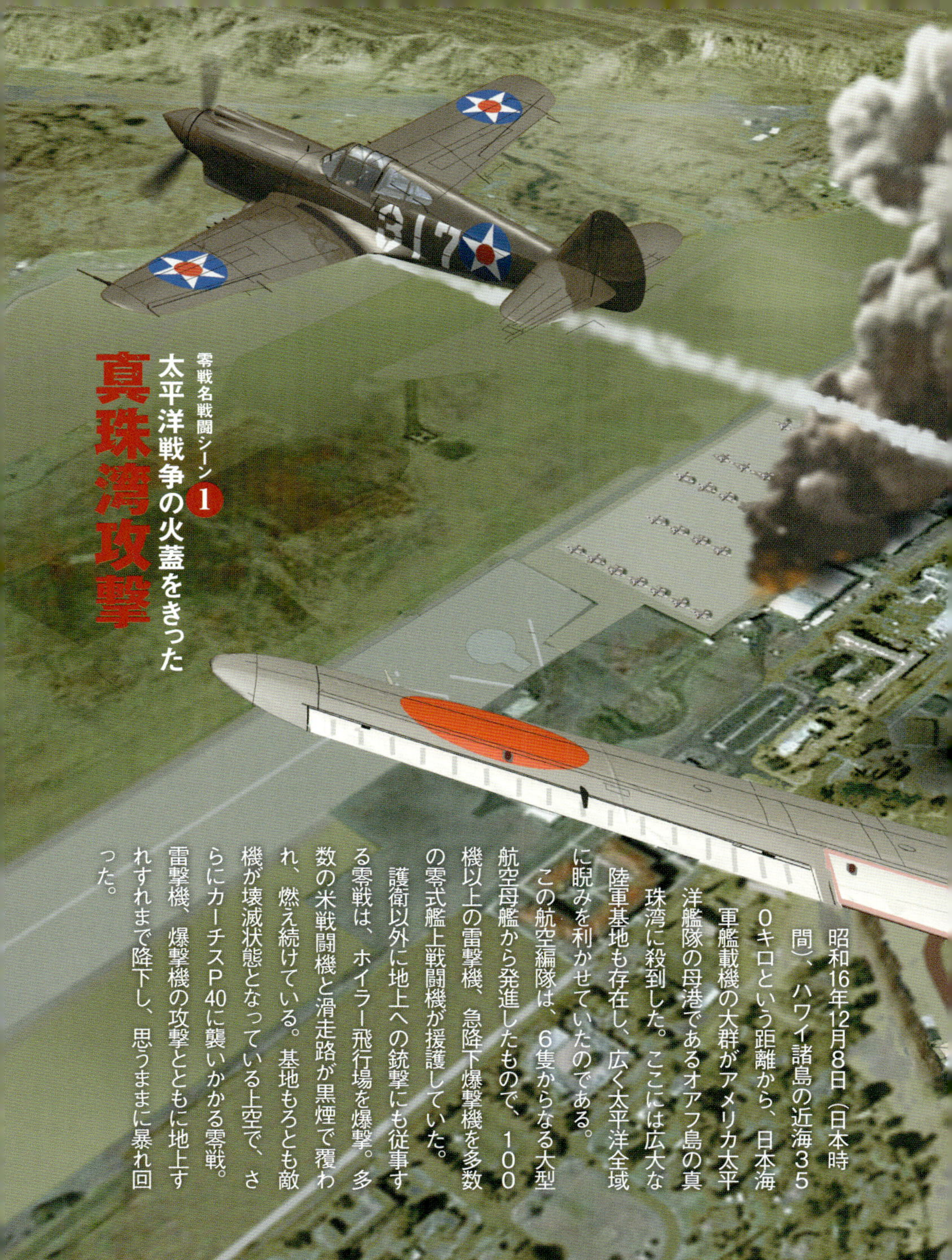

零戦名戦闘シーン1

太平洋戦争の火蓋をきった 真珠湾攻撃

昭和16年12月8日（日本時間）、ハワイ諸島の近海350キロという距離から、日本海軍艦載機の大群がアメリカ太平洋艦隊の母港であるオアフ島の真珠湾に殺到した。ここには広大な陸軍基地も存在し、広く太平洋全域に睨みを利かせていたのである。

この航空編隊は、6隻からなる大型航空母艦から発進したもので、100機以上の雷撃機、急降下爆撃機を多数の零式艦上戦闘機が援護していた。

護衛以外に地上への銃撃にも従事する零戦は、ホイラー飛行場を爆撃。多数の米戦闘機と滑走路が黒煙で覆われ、燃え続けている。基地もろとも敵機が壊滅状態となっている上空で、さらにカーチスP40に襲いかかる零戦。雷撃機、爆撃機の攻撃とともに地上すれすれまで降下し、思うままに暴れ回った。

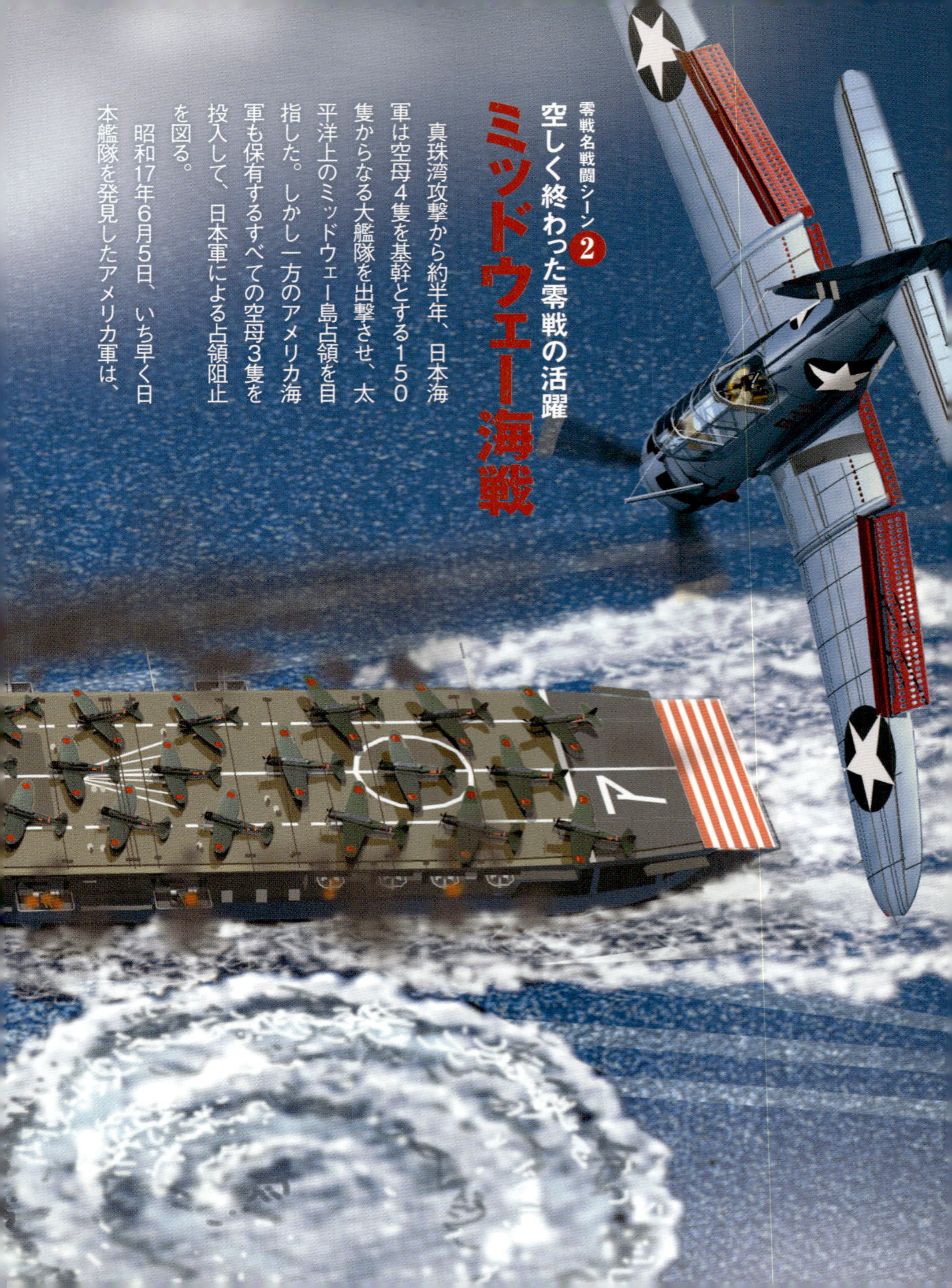

零戦名戦闘シーン❷

空しく終わった零戦の活躍

ミッドウェー海戦

真珠湾攻撃から約半年、日本海軍は空母4隻を基幹とする150隻からなる大艦隊を出撃させ、太平洋上のミッドウェー島占領を目指した。しかし一方のアメリカ海軍も保有するすべての空母3隻を投入して、日本軍による占領阻止を図る。

昭和17年6月5日、いち早く日本艦隊を発見したアメリカ軍は、

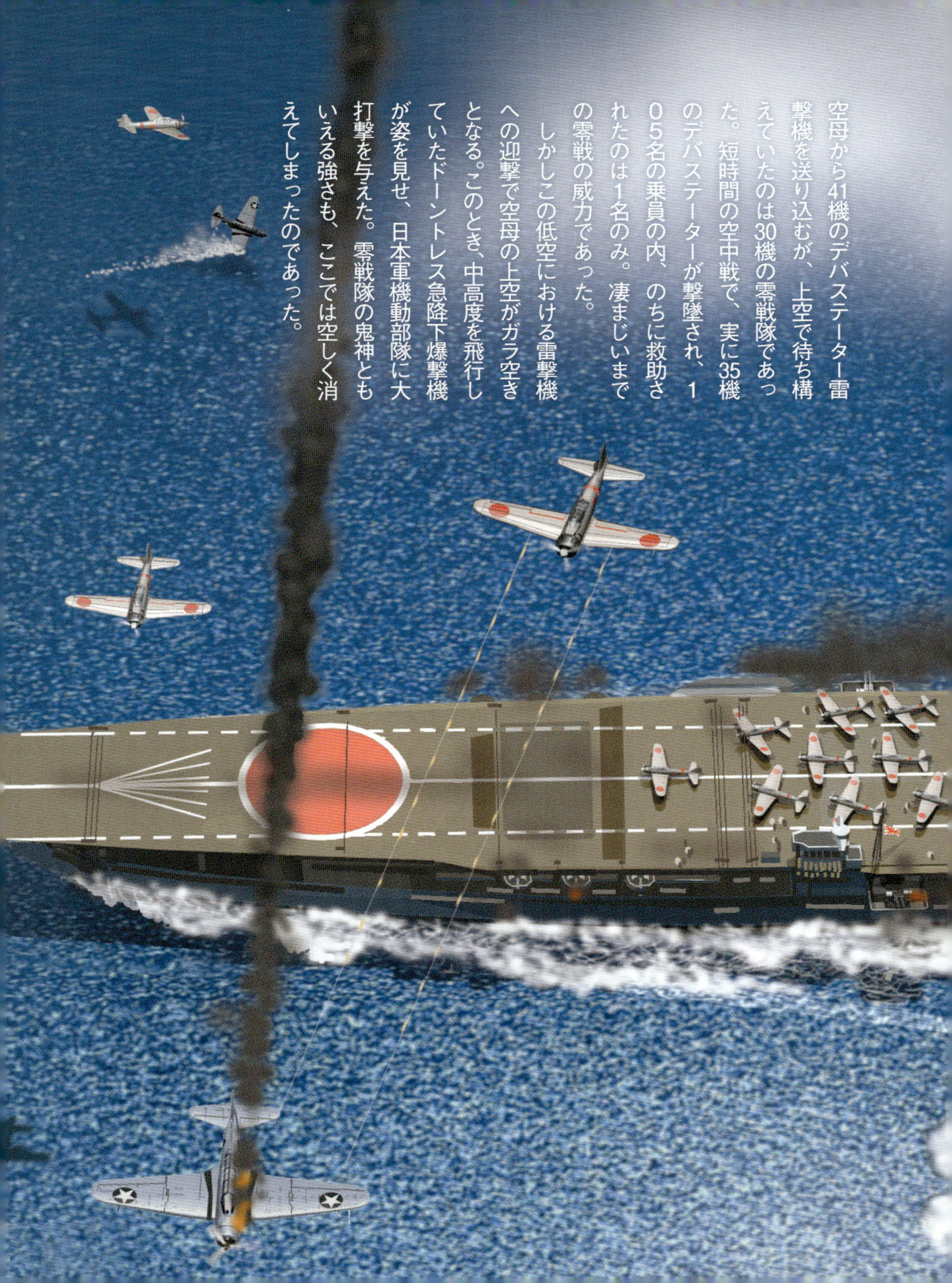

空母から41機のデバステーター雷撃機を送り込むが、上空で待ち構えていたのは30機の零戦隊であった。短時間の空中戦で、実に35機のデバステーターが撃墜され、105名の乗員の内、のちに救助されたのは1名のみ。凄まじいまでの零戦の威力であった。

しかしこの低空における雷撃機への迎撃で空母の上空がガラ空きとなる。このとき、中高度を飛行していたドーントレス急降下爆撃機が姿を見せ、日本軍機動部隊に大打撃を与えた。零戦隊の鬼神ともいえる強さも、ここでは空しく消えてしまったのであった。

零戦名戦闘シーン3
あまりに遠すぎた戦場
ガダルカナル攻防戦

開戦以来、勢いにのる日本軍に対し、アメリカ軍は昭和17年8月、ついに反撃を開始する。それから約半年間、拠点となったソロモン海の一角、ガダルカナル島の戦域は、海軍の基幹基地であるニューブリテン島のラバウルから1000キロも離れていた。針路途中に飛行場などはまったく存在しない。零戦21型は大挙出撃するものの、1000キロを飛び、空中戦を行い、また1000キロを戻らなければならず、この状況が機体にも乗員にも過度の負担を強いる。反対に、F4Fワイルドキャットを中心としたアメリカ側は自分たちの基地の上空で戦い、その有利さはいうまでもない。

多くの零戦は、機体のわずかな損傷、乗員の軽い負傷であっても基地に戻れず、途中の海に消えていったのである。この中には台南航空隊のエース笹井中尉なども含まれていた。

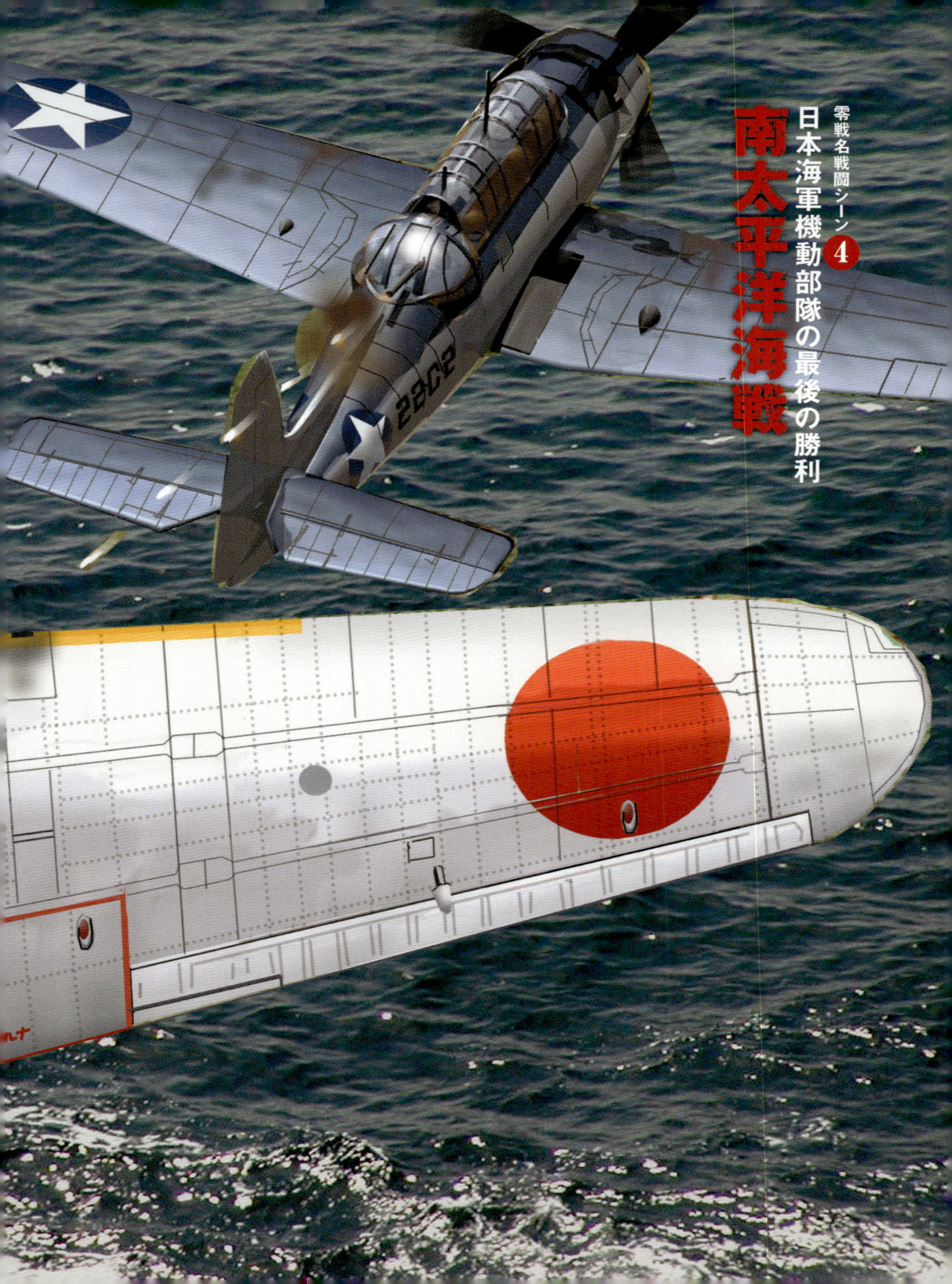

零戦名戦闘シーン 4

日本海軍機動部隊の最後の勝利

南太平洋海戦

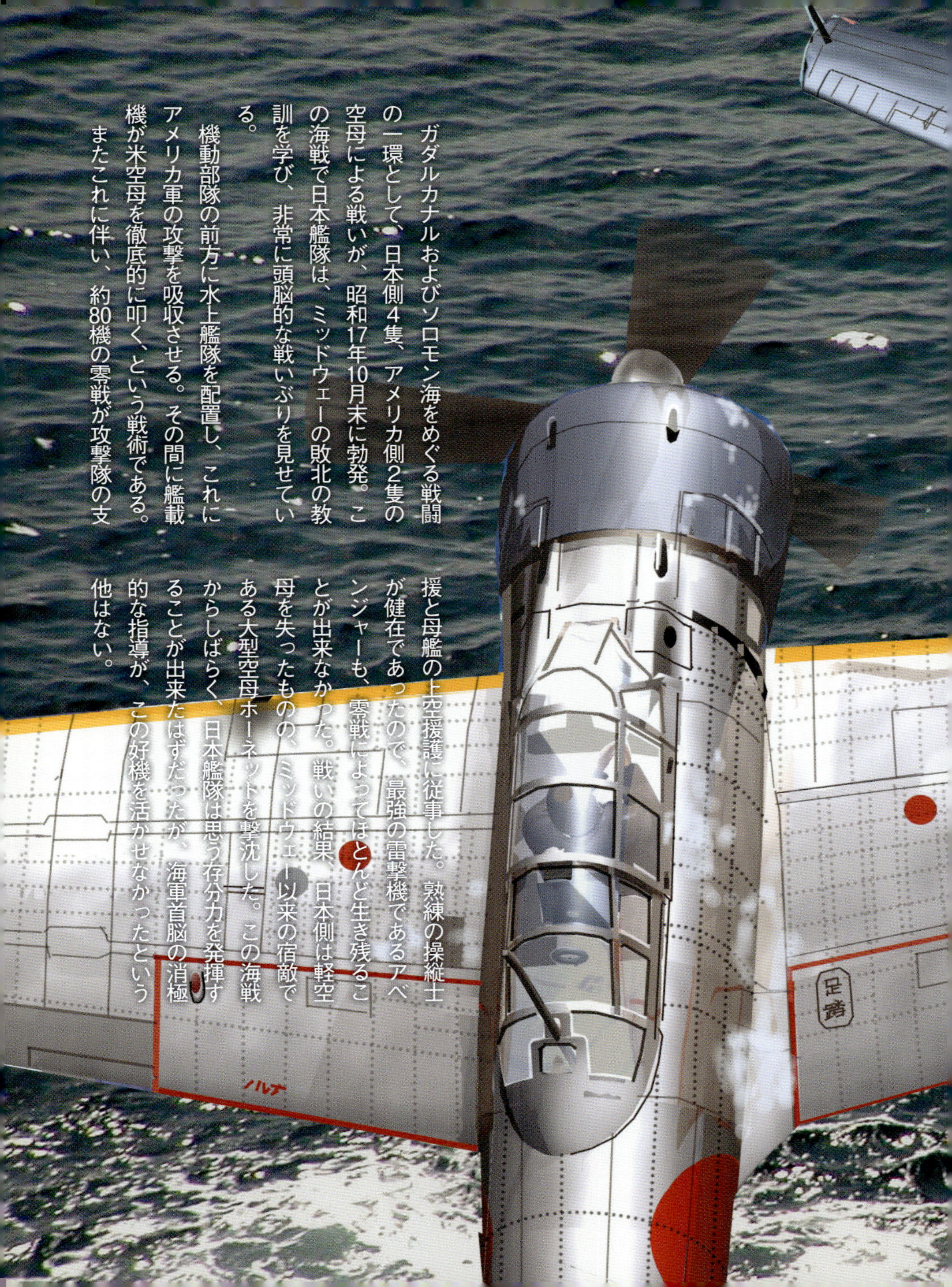

ガダルカナルおよびソロモン海をめぐる戦闘の一環として、日本側4隻、アメリカ側2隻の空母による戦いが、昭和17年10月末に勃発。この海戦で日本艦隊は、ミッドウェーの敗北の教訓を学び、非常に頭脳的な戦いぶりを見せている。

機動部隊の前方に水上艦隊を配置し、これにアメリカ軍の攻撃を吸収させる。その間に艦載機が米空母を徹底的に叩く、という戦術である。またこれに伴い、約80機の零戦が攻撃隊の支援と母艦の上空援護に従事した。熟練の操縦士が健在であったので、最強の雷撃機であるアベンジャーも、零戦によってほとんど生き残ることが出来なかった。戦いの結果、日本側は軽空母を失ったものの、ミッドウェー以来の宿敵である大型空母ホーネットを撃沈した。この海戦からしばらく、日本艦隊は思う存分力を発揮することが出来たはずだったが、海軍首脳の消極的な指導が、この好機を活かせなかったという他はない。

零戦名戦闘シーン5

老いゆく主力戦闘機の悲劇

マリアナ沖海戦

昭和18年に入ると他国の航空機の進歩はめざましく、零戦にも次第に〝老い〟が見え始めた。アメリカ側ではP38ライトニング（陸軍）、グラマンF6Fヘルキャット（海軍）という強力な新戦闘機が参戦したにもかかわらず、零戦は多少性能が向上した52型の登場のみだった。

そのようななかで、日本9隻、アメリカ25隻の航空母艦が、マリアナ沖で真正面から激突。両軍計2000機近い航空機が、3日間にわたって戦った。日本側が出撃させた約200機の零戦のうち4割は250キロもの爆弾を抱えた爆装零戦であった。爆弾を敵空母に投下して身軽になったあと、本来の形で空中戦を実施しようとの日本海軍の目論見も、アメリカ側は早々と高性能レーダーで日本機編隊を補足。450機を超えるヘルキャットで迎撃、次々と日本機を撃墜していったため、アメリカはこの戦いを〝マリアナの七面鳥撃ち〟と呼んだ。

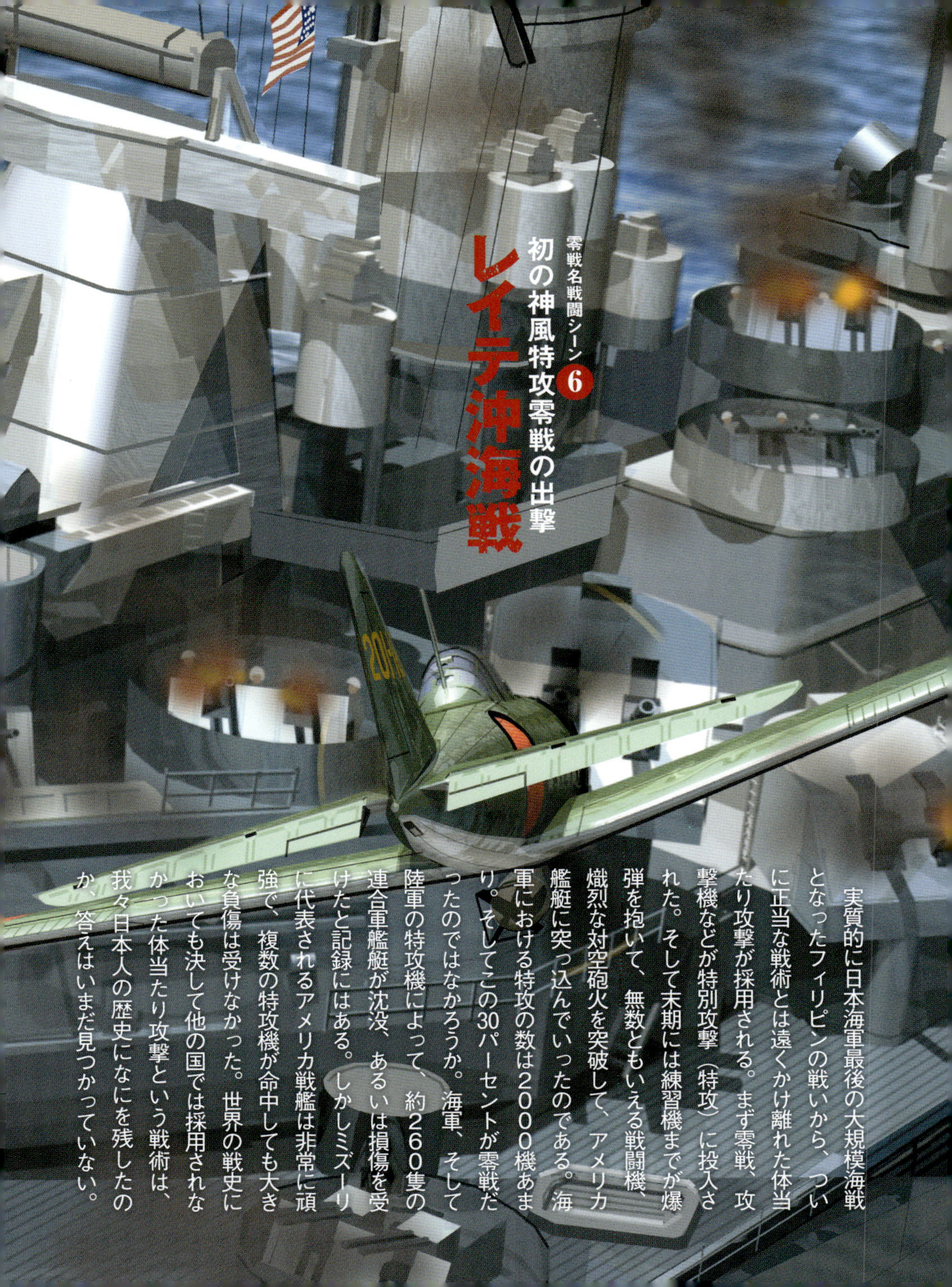

零戦名戦闘シーン6

初の神風特攻零戦の出撃

レイテ沖海戦

実質的に日本海軍最後の大規模海戦となったフィリピンの戦いから、ついに正当な戦術とは遠くかけ離れた体当たり攻撃が採用される。まず零戦、攻撃機などが特別攻撃（特攻）に投入された。そして末期には練習機までが爆弾を抱いて、無数ともいえる戦闘機、熾烈な対空砲火を突破して、アメリカ艦艇に突っ込んでいったのである。海軍における特攻の数は２０００機あまり。そしてこの30パーセントが零戦だったのではなかろうか。海軍、そして陸軍の特攻機によって、約２６０隻の連合軍艦艇が沈没、あるいは損傷を受けたと記録にはある。しかしミズーリに代表されるアメリカ戦艦は非常に頑強で、複数の特攻機が命中しても大きな負傷は受けなかった。世界の戦史においても決して他の国では採用されなかった体当たり攻撃という戦術は、我々日本人の歴史になにを残したのか、答えはいまだ見つかっていない。

海軍からの過酷な要求に対し、三菱の技師は逆転の発想で応えた

世界一の戦闘機はいかに誕生したのか？

開発者 堀越二郎の開発秘話

劇的なデビューを飾り、欧米の戦闘機を脅かした零戦。圧倒的な強さの秘密は、その開発過程に隠されていた。若き開発チームの、苦悩に満ちたドラマをご紹介しよう。

監修・文／三野正洋

1942年千葉県生まれ。日本大学卒業後、大手造船会社にて機関開発に従事。その後、日大生産工学部勤務。現在非常勤講師。『坂井三郎と零戦』『日本軍の小失敗の研究』『ドイツ軍の小失敗の研究』『改善のススメ』『組織の興亡』（共著）『どの民族が戦争に強いのか？』など著書多数。

戦後の堀越二郎

戦後、テレビ出演した際の模様を写した一枚。中央が堀越二郎で、右は坂井三郎。晩年も零戦の詳細な記憶を保っていた。

軍部の「ないものねだり」若き開発者に圧しかかる重責

画期的な戦闘機の誕生に関して、開発の設計思想（コンセプト、基本概念）の面から探っていきたい。零戦をめぐっては発注者である軍部と開発者の間で、非常に興味深い経緯があった。

まず日本海軍には、零戦の兄貴分に当たる九六式艦上戦闘機が存在した。これもおなじく三菱航空機の、堀越二郎をチーフとする設計グループの作品で、性能的には世界各国の主力戦闘機に匹敵するものであった。しかし固定式の主脚、開放式の風防など、斬新な設計とは言いがたく、またなんと言っても「足が短い」。つまり航続距離が不足していた。

日本海軍は九六式がまもなく時代遅れとなることを察知し、新戦闘機の開発を命じた。当時、我が国の大手航空機メーカーは三菱と中島であったが、これに応募したのは前者のみ。日本の海軍航空の

将来は、30歳前後という若い堀越らに委ねられることになる。昭和12年から開発は急ピッチで進められたが、それは容易には進まなかった。

どのような製品の開発でも同様だが、まずそれを使う側から要求が示され、この要求を設計側が実現可能かどうか、議論する。戦闘機という〝製品〟は過去、現在を問わず、技術の最先端を行くものであるから、必然にそれは激しくならざるを得ない。発注者である海軍側が提示した要求には、ある意味で無謀・過大と言うべき数字が並んでいた。大雑把に記せば、速度、上昇力は九六式の10パーセント増、航続力は1・8倍、武装（火力）の威力は6倍となっている。当然機体の大きさは1・4倍程度にはなるが、空中戦の時の性能が九六式に劣ることは認めない……。まさに実現不可能な要求以外のなにものでもなかった。

堀越らは、これではとうてい無理、なにかひとつでも削減できる部分はないか、と申し出る。これに対して海軍側は、長い内々の相談のあと、「妥協点は皆無」と強い調子で突っぱねたのである。現代なら「無理は無理」と設計グループも反論するところだが、この時代、軍部の命令は絶対であった。

もともと航空機の設計は妥協の産物である。強力な発動機は大量の燃料を消費し、必然的に航続力が低下する。高い速度は小さな主翼を要求し、その結果旋回性能は悪くならざるを得ない。操縦者、機体を守るため、厚い装甲板を取り付ければ、重量増加によりすべての飛行性能は劣化する。いずれも素人にもわかるようなことだ。しかしこれらの事実を理解していながら、海軍は要求通りの戦闘機を開発すべしと命じたのであった。開発から撤退することは許されない。中国との戦争は続いており、さらにヨーロッパでは大戦争の火種が膨らみつつあった。

海軍内部でも、新型戦闘機に関して、別な議論が生まれていた。それは速度性能重視派と、旋回性能重視派との対立である。前者は戦闘機開発センター、後者は実戦部隊が強く主張していた。センターの将校たちは、これからの空中戦にはなによりも速度が必要（つまり一撃離脱戦術＝ヒットアンドラン）と言い、一方実戦を経てきたパイロットは、勝利の鍵は旋回性能（格闘戦＝ドッグファイト）にあり、と譲らない。だいぶ後のことに

写真提供／雑誌『丸』

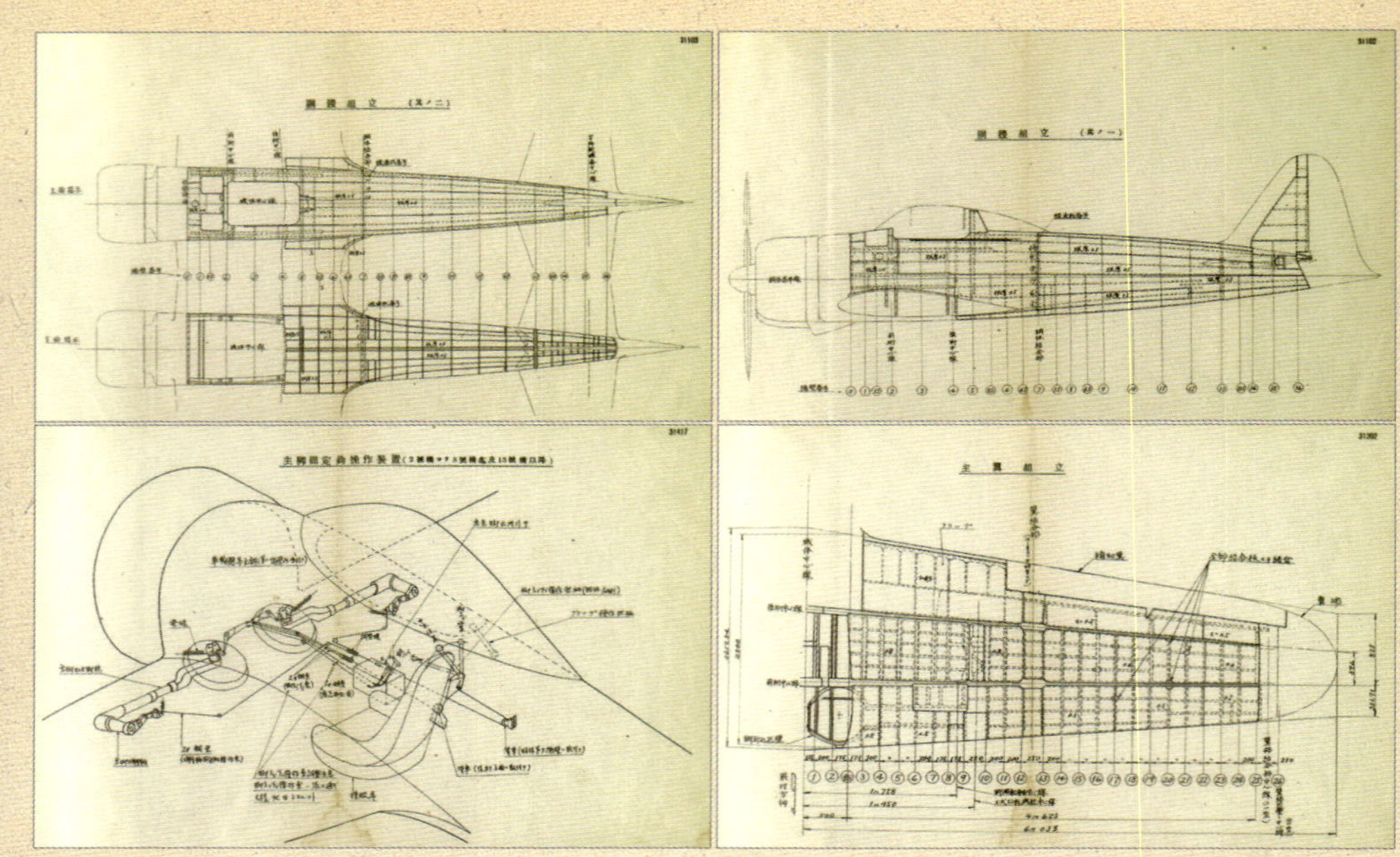

当時の零戦取扱説明書の図版

防衛省に所蔵されている、戦時中の零戦取扱説明書の中の図。零戦の構造が細かく描かれている。写真提供／防衛省

なるが、第二次世界大戦後半の空中戦では前者、つまり速度がなにより重要と認められた。もっとも現代の戦闘機論でも、完全な決着がついたとは言い難いのだが……。

いまでもあまり変わりないが、一流の物理学者と同様に、戦闘機の操縦者ほど我の強い連中は他にいない。ともかく常に自分がもっとも正しい、と心の底から信じ込んでいる。そうでなければ生き残れない世界に棲んでいるからである。この軍部の論争は決着がつかないまま、そのしわ寄せが堀越グループに回ってきた。はっきり申し渡されたわけではないが、どちらの主張も実現させろというわけなのである。

このように軍部／用兵側から膨大な要求が次々と突きつけられ、開発グループは頭を抱えた。当時の軍の言い分は絶対であり、一般市民はもちろん、政治家でさえも逆らうことは難しかった。

では堀越はこの無理難題にどのように対処したのであろうか。

徹底した軽量化、操縦系統の剛性低下、そして栄エンジン

逆転の発想が奇跡の名機を生んだ！

日本が生んだ「万能戦闘機」若い発想力が限界を超えた

まず零戦を誕生させた堀越二郎と、その部下たる技術者たち、〝堀越チーム〟について触れよう。

設計の責任者は主務者と呼ばれているが、これは現在の新車開発の場合でも同様であり、言い換えればチーフデザイナーといったところであろうか。堀越は群馬県の出身で、東京大学の航空学科を昭和2年に卒業している。この学科の同級生は5~6人と非常に少なかったが、理系の秀才が揃っていた。卒業後は三菱に入社。そして2年後には2年の期間でドイツ、アメリカに渡り、航空機設計の勉強をしている。この経歴からも、技術者として最優秀であることがわかる。零戦の主務者となったのも、まだ30代半ばであった。

チームとしては計算担当、機体構造、動力装置、兵装、降着装置の各2名、計11名であった。このなかの1人・東条輝雄は、戦後我が国で唯一開発された旅客機YS11の主務者をつとめ、その後三菱重工の社長となっている（ちなみに彼は東条英機首相の子息であった）。

さて一騎当千の技術者をあつめたチームであるが、その特徴としてはともかく若かった。なんと平均年齢がようやく30歳を超えるとかいったところなのである。

彼らが世界でもっとも高性能な機械技術品を世に送り出した事実は、特筆に値するであろう。さらにこれを使う側（用兵者と呼ばれる。軍人、軍属）から、この開発を検討する人々も若かった。海軍の長老連中をうまく排除し、30名の若手

試作中の零戦

零戦の開発にたずさわった三菱重工に伝わる極秘写真。試作中の模様を写した貴重な資料だ。写真提供／三菱重工

が集まったが、その平均年齢は36歳。これも零戦の斬新性向上に大きく貢献している。

　この数十年後のことだが、筆者は堀越の授業を聞いたことがある。非常に寡黙、物静かでまさに紳士といった印象であった。このような人物が当時の軍人たちと渡り合う姿など、想像できなかった。

　どうも堀越のチームをまとめる手法は、次のようなものであったようだ。あまり自分の意見を声高に主張せず、周囲に自由に議論させる。場合によっては会議に同席している堀越がまったく発言しないまま、周りの者が数時間にわたって意見を述べあうこともあった。彼は発言せず黙々とメモを取り続け、それを基に重要な事柄を実現させるべく、翌日には決断を下し、部下に指示を出した。この時、なんとなく堀越の言葉に納得できるような雰囲気が生まれたと伝えられている。

　軍部とのやり取りも同じ調子で進められたわけだが、特に堀越が悩んだのは軍内部の意見対立であった。前述の速度重視派と旋回力重視派の対立は結局結論を見なかった。堀越らも同席した話し合いの場でも、それぞれの意見が対立してお互いに譲らなかった。しびれを切らした堀越は両派の代表に対して、要求を一つにまとめるように依頼した。

「要求がはっきりすれば、確実にそれを満たすものを作りますから」

　しかし結局どちらも譲らず、意見は分かれたままだった。

　またさらに軍の中で、年上の高官たちと、若い部下たちの間での意見の食い違いもあった。引っ込み脚や20ミリ砲といった新しい装備は、なるほど有効ではあるが、その分重量の増加となって機体の負担となった。そうであれば装備自体は古くてもいいのではないか。たとえば7ミリ弾であれば、20ミリよりもよほど多く積める。年長の軍人たちはそう主張した。ただし若い軍人たちはそう考えなかった。周辺国の装備はどんどん新しくなっている。取り残されればやがて不利になるのは目に見えている。こちらもまた

栄エンジン（21型）
はじめて零戦に採用された初期型は11型。こちらは後発の零戦32型から採用された栄エンジン21型。

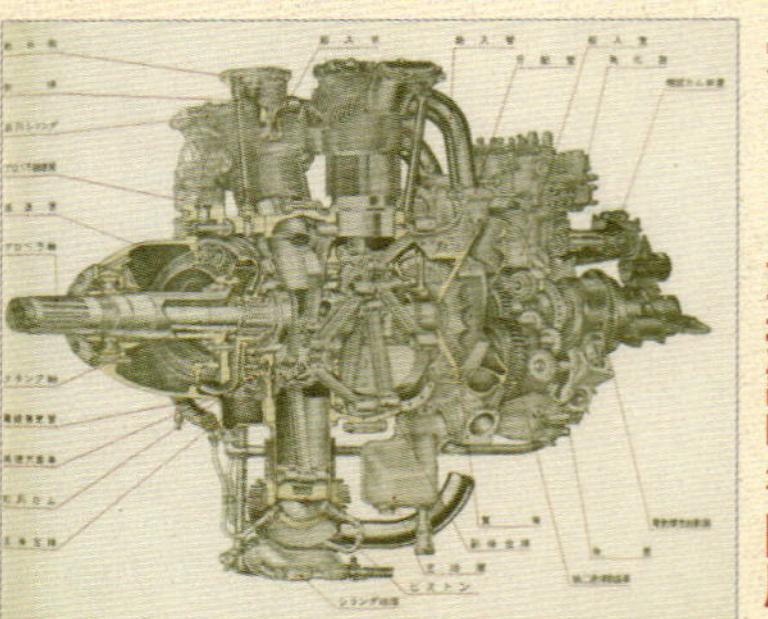

栄エンジン取扱説明書図版
こちらは太平洋戦争当時の栄エンジン取扱説明書の中の図版。21型の側面図と断面図が詳細に描かれている。写真提供/防衛省

双方意見が食い違っていた。

　こういった意見の対立に対して、堀越は自ら「これからの航空機は○○が大事です」と意見を述べて引っ張っていけるタイプではなかったから、ただ頭を抱えるしかなかった。ひたすらメモをとって、それぞれの言い分を聞き、その後で要求の矛盾に悩んだ。しかし結果的にはこの矛盾する「いいとこどり」の要求が、予想を超える成果へとつながっていく。

　やがて堀越はこれらの問題を解決する3つの逆転の発想にたどりついた。

　まず第1に、軽量化を徹底した。

　これにより旋回性、上昇力、航続力が高まる。零戦に装備された発動機（エンジン）は、出力という点ではもっとも少なかったが、軽量化の効果はそれを補って余りあった。

　第2に、堀越は昇降舵に「剛性低下方式」を組み込んだ。剛性とは、ある素材が外部から力を受けたとき、それに耐え、もとの形を保とうとする性質を示す。堀越はわざわざ剛性を低下させることで、

完成当時のライバル機との比較

機種	所属	エンジン出力（馬力）	自重量（kg）	総重量（kg）	生産機数（機）	初飛行
零戦	日本海軍	980	1680	2410	10500	1939／4
一式戦	日本陸軍	1100	1980	2640	5750	1938／12
F4F（ワイルドキャット）	アメリカ海軍	1250	2510	3360	7900	1937／9
カーチスP40	アメリカ陸軍	1150	2880	3610	13700	1938／10
スピットファイア	イギリス空軍	1050	2310	4330	31000	1936／3
ハリケーン	イギリス空軍	1180	2625	3530	12780	1935／12
Bf109	ドイツ空軍	1100	2010	2770	30500	1936／1

エンジン出力は、明らかに先行する欧米諸国の戦闘機に較べて低く、唯一1000馬力を切っている。

しかし逆に重量は群を抜いて軽く、そのことが結果的に旋回性や、長い航続距離へとつながった。


同じだけ操縦桿を操作しても、高速、低速時にはその効果が異なるという方式を生み出した。これによって零戦はより高い操縦性を得たのだ。

　そして第3に無類の信頼性を有する中島航空機製の栄発動機の存在があった。栄エンジンは出力こそ低かったが安定性が高く、故障が少なかった。おかげで零戦は常に高いコンディションで戦い続けることができた。

　このような経緯を経て、昭和15年に完成した三菱零式（正式にはレイ式）艦上戦闘機は、日本が生んだ最高の技術品となった。欧米の戦闘機と同等の装備に加えて、速度、旋回性能、そして航続力と、どれをとっても超一流であり、軍部の要求をすべて満たしていた。その上、航続力については20パーセントも上回っている。

　過大な要求に対し、堀越は発想力で応えた。それによって零戦はそれまでどの国にも存在しなかった、「万能戦闘機」に最も近い航空機となったのである。

軽く、長く、速く、そして強く！ 米軍が震撼した日本海軍史上最強の戦闘機

零戦の脅威の性能徹底解剖！

極限まで軽量化と空気抵抗の低減化を図り、脅威の旋回性能を実現した翼。破壊力抜群の武装、そして激しい戦闘機動を支えたエンジンとプロペラ。すべてにおいて優れていた零戦の、驚くべき性能の真実に迫る！

監修・執筆／青山智樹
1960年生まれ。作家、軍事評論家。航空機自家用単発免許を所持。著書に『零戦の操縦』『戦艦大和3000人の仕事』（アスペクト）、『手にとるように物理学がわかる本』（かんき出版）など。最新刊は『自分でつくる うまい！海軍めし』（経済界）。

零式艦上戦闘機 21型

ラダー
方向舵。機首を左右方向に振るための動翼。なお零戦の垂直尾翼は、20㎜機銃の反動による横揺れを防ぐため、大きく作られた。

フラップ
下げ翼とも呼ばれる動翼。これを下げることによって着陸速度を遅くする。零戦の場合、パカッと下向きに開く原始的な機構だった。

エレベーター
昇降舵とも呼ばれる。機首を上げ下げするための動翼。操縦桿を手前に引くとこの部分が跳ね上がり、機首が上がる。

エルロン
補助翼。機体を左右に傾かせる動翼。操縦桿を右に倒すと右翼側のエルロンが上がり、左翼側が下がることで機体が右に傾く。

折りたたみ機構
零戦21型は全幅12mという、他国のどの戦闘機よりも長い翼を持っていた。そのため、両翼の先端を50cmずつ折りたたみ、空母のエレベーターに乗せやすくした。

零戦の視界

後方
他国戦闘機では操縦席の背後に障害物があったのに対し、零戦では後方視界が開けており、敵機に背後を取られる前に離脱した。

側面
零戦の「低翼単葉」型の翼は視界が遮られやすかったが、突出型の風防を採用することで、視界を広げた。

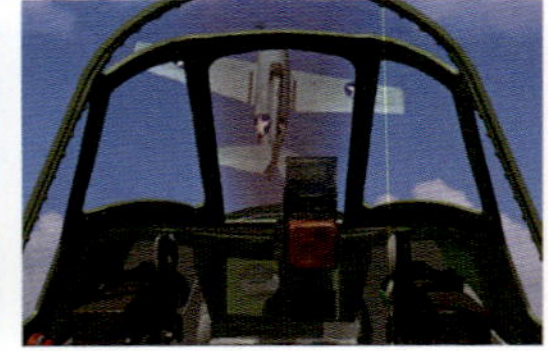

正面
空中戦では、敵機の背後を取ることが最重要の課題だった。操縦席正面の照準器と7.7ミリ機銃2挺で、敵機を背後から掃射した。

CG制作／原田敬至

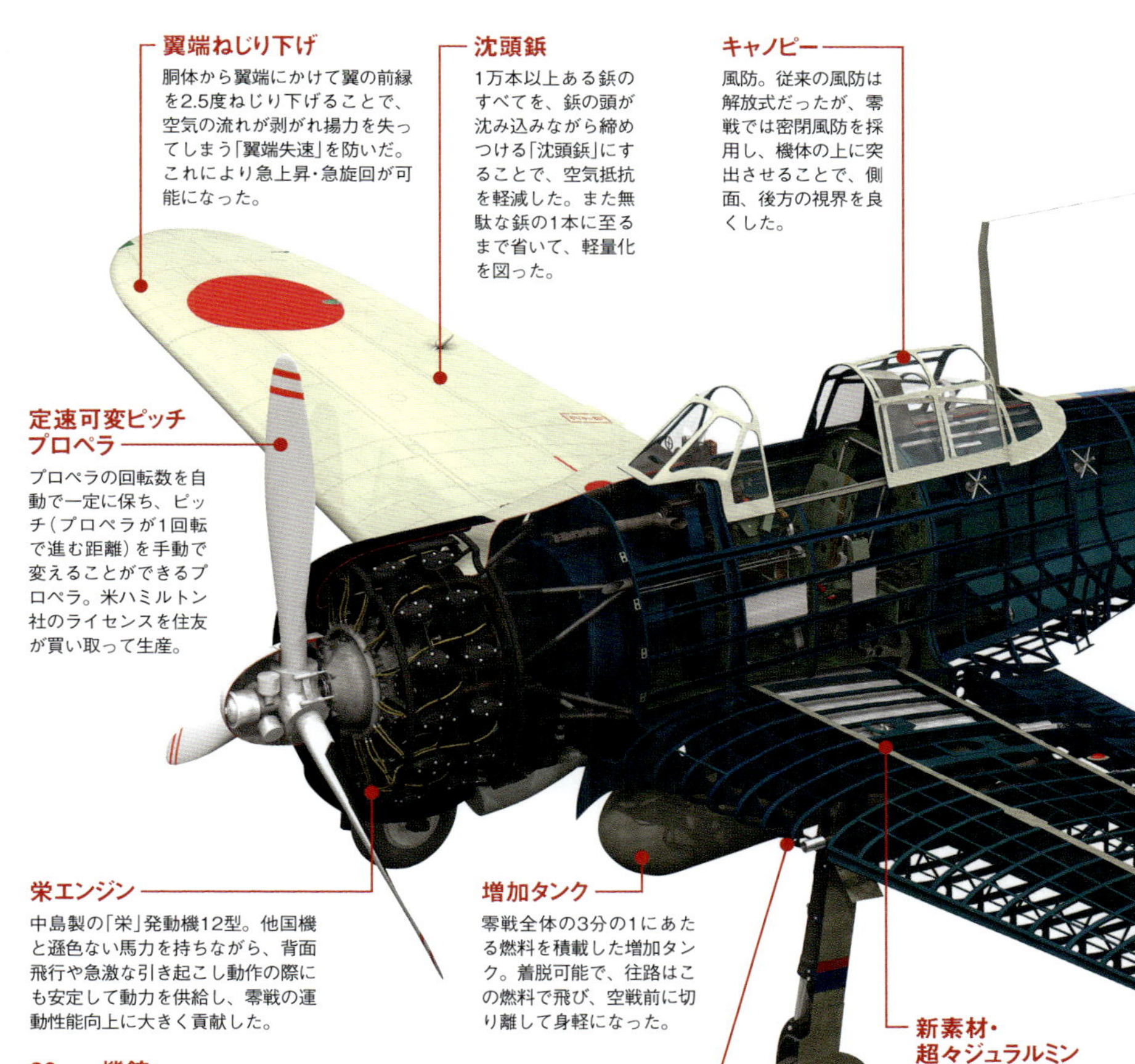

翼端ねじり下げ

胴体から翼端にかけて翼の前縁を2.5度ねじり下げることで、空気の流れが剥がれ揚力を失ってしまう「翼端失速」を防いだ。これにより急上昇・急旋回が可能になった。

沈頭鋲

1万本以上ある鋲のすべてを、鋲の頭が沈み込みながら締めつける「沈頭鋲」にすることで、空気抵抗を軽減した。また無駄な鋲の1本に至るまで省いて、軽量化を図った。

キャノピー

風防。従来の風防は解放式だったが、零戦では密閉風防を採用し、機体の上に突出させることで、側面、後方の視界を良くした。

定速可変ピッチプロペラ

プロペラの回転数を自動で一定に保ち、ピッチ（プロペラが1回転で進む距離）を手動で変えることができるプロペラ。米ハミルトン社のライセンスを住友が買い取って生産。

栄エンジン

中島製の「栄」発動機12型。他国機と遜色ない馬力を持ちながら、背面飛行や急激な引き起こし動作の際にも安定して動力を供給し、零戦の運動性能向上に大きく貢献した。

増加タンク

零戦全体の3分の1にあたる燃料を積載した増加タンク。着脱可能で、往路はこの燃料で飛び、空戦前に切り離して身軽になった。

20mm機銃

山本五十六中将がこだわって装備させたという大口径の機銃。左右両翼に1挺ずつ、計2挺が装備された。1秒間に1.8kgもの重さの銃弾を発射する威力があった。

引き込み脚

着陸用の引き込み脚。胴体後部の尾輪と併せて「三点着陸」を行なった。97式艦戦に次いで2番目の採用となった。

新素材・超々ジュラルミン

主翼の主桁には、新素材「超々ジュラルミン」が採用された。これは住友金属が開発したアルミニウム合金で、1平方ミリメートルあたり60kgまでの張力に耐えた。

最大航続距離比較表

日本	零戦21型	3350km
米国	F2Aバッファロー	2704km
	F4Fワイルドキャット	2720km
	F6Fヘルキャット	2977km
	F8Fベアキャット	3162km
英国	ハリケーン	1481km
	スピットファイア	1600km

零戦21型スペック

■全幅…12.0m　■全長…9.05m
■全高…3.525m　■自重…1754kg
■エンジン…中島「栄」12型
■最高速度…533km/h　■航続距離…3350km
■武装…7.7mm機銃×2、20mm機銃×2
30kg爆弾×2または60kg爆弾×2
■乗員…1名

世界一の旋回性能を実現した驚くべき翼の4つの工夫

工夫1 翼端ねじり下げで急旋回・急上昇を実現!

大出力と軽量化の両立が零戦の総合力を高めた

零戦の性能において優れていた点を挙げるとすれば「すべて」と答える他ない。本稿では、太平洋戦争初期に活躍し、もっとも零戦らしい零戦と呼ばれた21型をもとに、その優れた性能を見ていこう。

零戦の総合力を支えたのは、エンジン出力の高さと重量の軽さという、相反する性能の両立だった。エンジン出力は同時期の他国戦闘機とほぼ同等でありながら、特に重量が軽かった。この両立が叶えば、すべての性能が向上してくる。

完成した零戦には、あらゆる場所に軽量化の努力の跡が見られる。

機体全体がフレームと外皮を結合したセミモノコック構造となっている。これは、フレーム構造を使用した極東イギリス軍の戦闘機「ハリケーン」よりも軽い材質で、大きな強度を得ることができる。

新構造を採用すると共に、フレームやサブフレームにまで肉抜き穴を開けている。サブフレームの厚さはわずか0・6

ミリしかない。これを肉抜きして、更に軽くしているのである。

　また、飛行機は部位によってかかる荷重が変わってくる。零戦では荷重のかかる部位を強靱に作り、それほどでもない部位を軽く作っている。これに大きく貢献したのが前述のセミモノコック構造で、零戦の外皮のうちもっとも薄い機首周辺は0・4ミリしかない。内部に強靱なエンジン架があるからである。

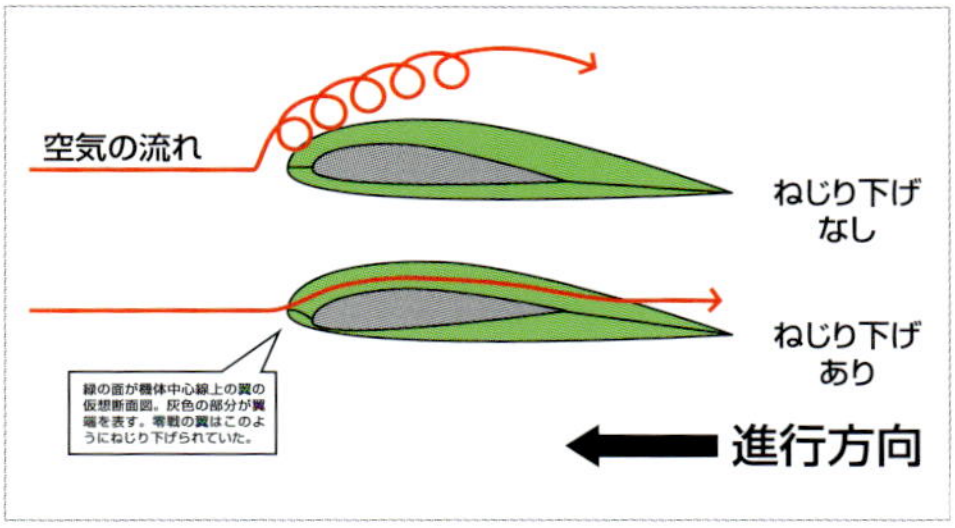

翼端失速

空気の流れに対する、翼の前縁と後縁とを結んだ線の角度(迎え角)が大きくなりすぎると、翼に沿って流れていた空気が剥がれてしまう。この剥がれは、まず翼端から起こった。

　剛性低下方式と呼ばれる設計法も軽量化に寄与した。翼には、常に上向きの力がかかる。つまり胴体下面部分は左右から引っ張られるだけで、押されることがない。従来は圧力も引っ張りも同じ強度として計算していたのを、零戦ではこの2種類を別々に計算、設計した。その結果、さらなる軽量化に成功した。現代戦闘機にも、こうした思想は生きている。

　こうして実現した零戦の性能のうち、外せないのが長大な航続距離である。

　他国機が構造上、主翼内タンクをつけられなかったのに対して、零戦では胴体内タンク、主翼内タンクを備えていた。さらに画期的だったのが、落下式増加タンクである。零戦全体の3分の1の燃料を搭載し、それを利用して敵地上空に飛び、タンクを捨てて身軽になったところで戦い、残りの3分の1の燃料で帰投する。計算されたサイズの落下タンクが、零戦の能力を遺憾なく発揮させたのだ。

　落下タンクは96式艦戦にも採用されたが、残された写真では落下タンクがすべて修正して消してある。それほどの秘密兵器だったのである。

わずか2・5度の工夫
翼端ねじり下げで失速を回避

　零戦の特徴の1つが、全幅12mという広い翼である。

　戦闘機は機体性能ギリギリの条件で飛ぶ必要がある。空中戦時はもちろん、離着陸の際も同じだ。

　三菱系の戦闘機が「不意自転」に見舞われたのは、零戦の1代前、96式艦戦のころのことである。「不意自転」とは、飛行中、機体を中心にくるりと回ってしまう現象のことである。

　様々な調査の結果、その原因は「翼端失速」であると判った。

「翼端失速」とは何か。飛行機の翼は、前から来る風を受け揚力を発生させている。主翼下面の圧力が高く、上面が低い状態を作り出しているのである。ところがこの状態が翼端から崩れ、揚力が失われることがある。これが翼端失速である。

工夫2 新素材・超々ジュラルミンで軽量・高強度を実現！

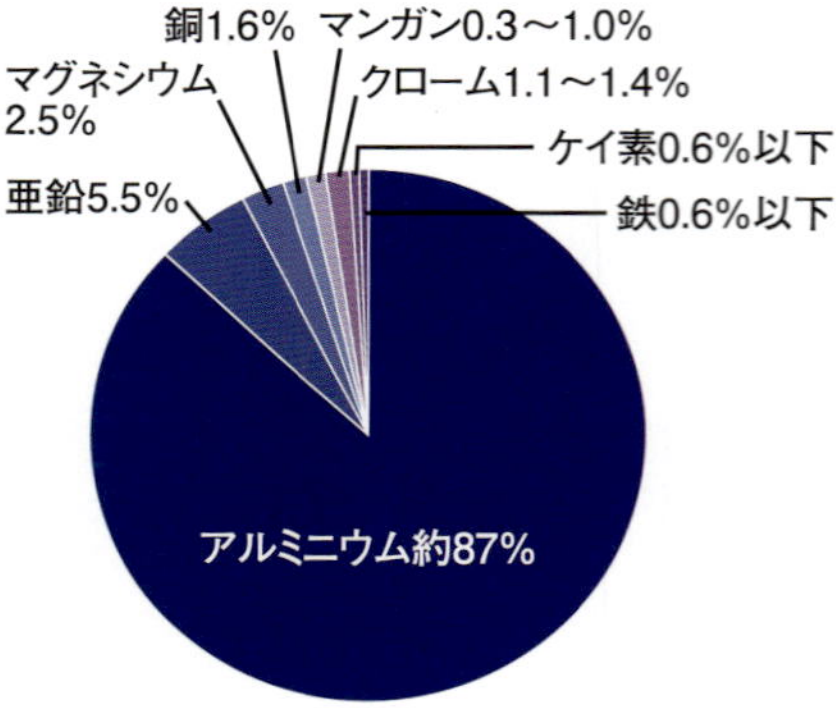

超々ジュラルミン

1936年（昭和11）、住友金属が開発したアルミニウム合金。超ジュラルミンよりもさらに強度が高い。重量軽減にも貢献した。現在でも航空機の機体に使用されている。

着陸する場合などは、人為的にこの状態を両翼同時に発生させ、主翼から出る2本の主脚に対する負担を減らす。これにより、胴体後部の尾輪と併せて「三点着陸」をしやすくしているのだ。

しかし不意に片翼で失速を起こすと、致命的な事故となる。翼端で少しでも空気の流れが剥がれると、それが一気に拡大して、不意自転を起こす。着陸にさしかかっていた場合には墜落する。空中戦時に起こせば、一時的にコントロール不能になり、撃墜されかねない。

そこで採用されたのが、翼端のねじり下げだ。主翼の前縁を、胴体から翼端にかけて2・5度ねじり下げることで、気流を迎える角度を減らし、空気の流れをスムーズにした。こうして翼端失速を防いだのである。これにより離着陸を容易にしただけでなく、急上昇、急旋回をも可能にした。

似たような目的で、太平洋戦争中、米軍のＦ４Ｕコルセアが特殊な整流板を装備した。現代アメリカ海軍のＦ４、Ｆ／Ａ18でも、翼の前縁に「ドッグツース」と呼ばれる犬の歯状の切り込みを入れて、翼端失速を防いでいる。零戦はこれを先取りしていたことになる。

他国に先駆けた研究の成果 超々ジュラルミンと沈頭鋲

零戦の高性能を語る上で、特殊素材である超々ジュラルミン（以下、ＥＳＤ）に触れないわけにはいかない。

飛行機は軽くすれば性能が上がる。そこで、各国で特殊素材の研究が進められた。ところが、強度を上げるともろくなるという二律背反があった。これを世界に先駆けて克服したのが零戦である。

零戦は、住友金属が開発した新素材ＥＳＤを採用していた。ＥＳＤとは、1平方ミリメートルあたり60キログラムまでの張力に耐えることのできるアルミニウム合金である。

ＥＳＤは機体全体に使用されたわけではなく、重要かつ強度が必要な部分に使用された。このあたりの設計思想は、部位によって機体の強度を変えるのと同じ

写真提供／藤森篤

工夫3 沈頭鋲の開発で空気抵抗を大幅に軽減!

従来

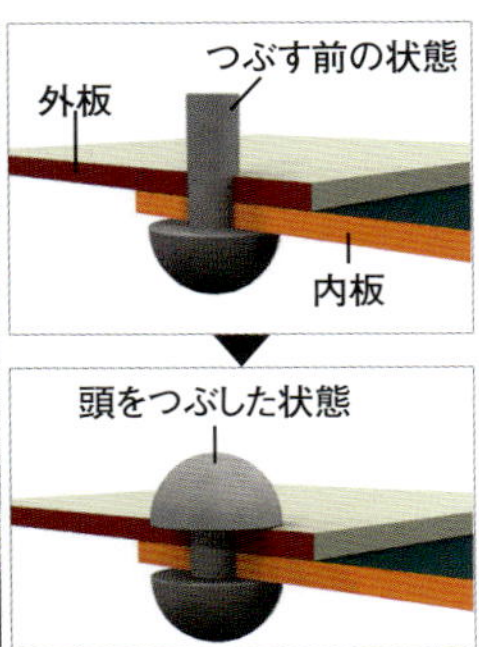

ヘルキャット胴体の鋲

現存するグラマンF8Fベアキャットの胴体。ベアキャットは翼こそ沈頭鋲を採用して滑らかになっているものの、胴体には従来の鋲がびっしりと張り出しているのがわかる。

沈頭鋲

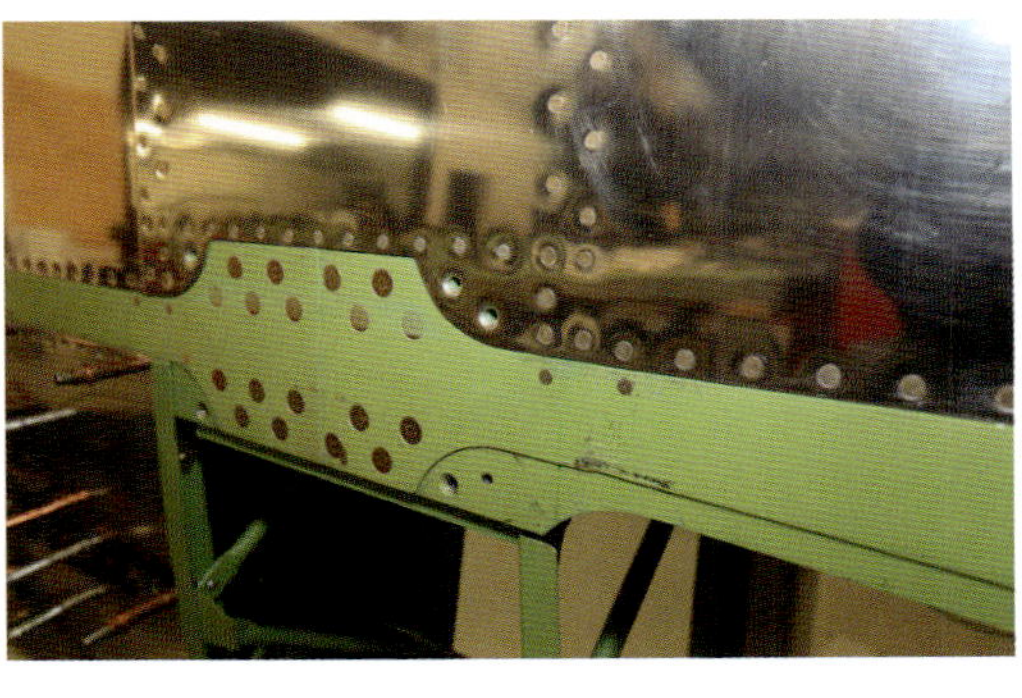

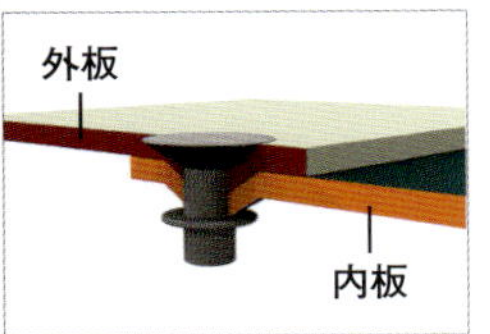

零戦21型の沈頭鋲

現存する零戦21型(米ヴィンテージ・エアクラフト社製)の復元工程。鋲の頭が沈みながら締めつけているのが見える。これにより翼の表面が滑らかになり、空気抵抗を軽減した。

きめ細かさである。

だが、どのような方法でESDのもろさを克服したのか資料を見たことがない。これは筆者の推定であるが、強い力がかかるパーツは自然、サイズが大きくなる。多少、手荒に扱っても壊れないためESDを使用して、弱くても済む部分には粘り強いエアクラフトアルミを使用したのではなかろうか。そうすれば、ESDの欠点に触れることなく生産できる。

沈頭鋲(ちんとうびょう)もまた、零戦が世界に先駆けて採用した技術の1つだ。外側から頭を平らにした鋲を打ち込んで、内側から留めるようにした。手間がかかるが、空気抵抗の低減には効果的だった。仮に、鋲の突出がわずか5ミリ程度だったとしても、数千本もの鋲が空気抵抗にさらされると、風を受ける面積の合計は大きくなる。まして零戦は、最大時速500キロ以上で飛ぶのだ。

後にアメリカでも沈頭鋲を採用している。B29の場合、鋲1本で何メートル航続力が変化するかまで計算した。

工夫 4

翼面荷重を極限まで低く抑え、小回りを利かせた!

零戦21型

■全備自重…2421kg
■主翼面積…22.438㎡
■翼面荷重…107.90kg/㎡

翼端折りたたみ
翼端を折りたたむことで切り詰めずに済んだ全幅12mの翼は、翼面荷重を下げ、さらに揚力を高めることで航続距離も延ばした。

一目瞭然! 翼面荷重の低さが類を見ない旋回性能を実現した

零戦の翼面荷重は、同時期の他の戦闘機と比べて格段に低い。

翼面荷重とは、翼1平方メートルあたりにどれだけの重量がかかっているかを示す値である。飛行機全体の重量(全備自重)を主翼面積で割って求める。これが低ければ低いほど、旋回半径が小さく、小回りが利くようになる。つまり、格闘戦に有利になるのである。

零戦は、機体自体の軽量化と、全幅12メートルという長くて広い翼面積とを両立させたので、この値を低く抑えることができた。

零戦21型の翼面荷重は、107・9kg/㎡である。これに対し、ビヤ樽のような小太りの米軍機・F2Aバッファローは147・7kg/㎡。零戦21型に立ち向かった米海軍初期の主力戦闘機・F4Fワイルドキャットで132・7kg/㎡。イギリス軍を代表する戦闘機・スピットファイアでも135kg/㎡であった。上

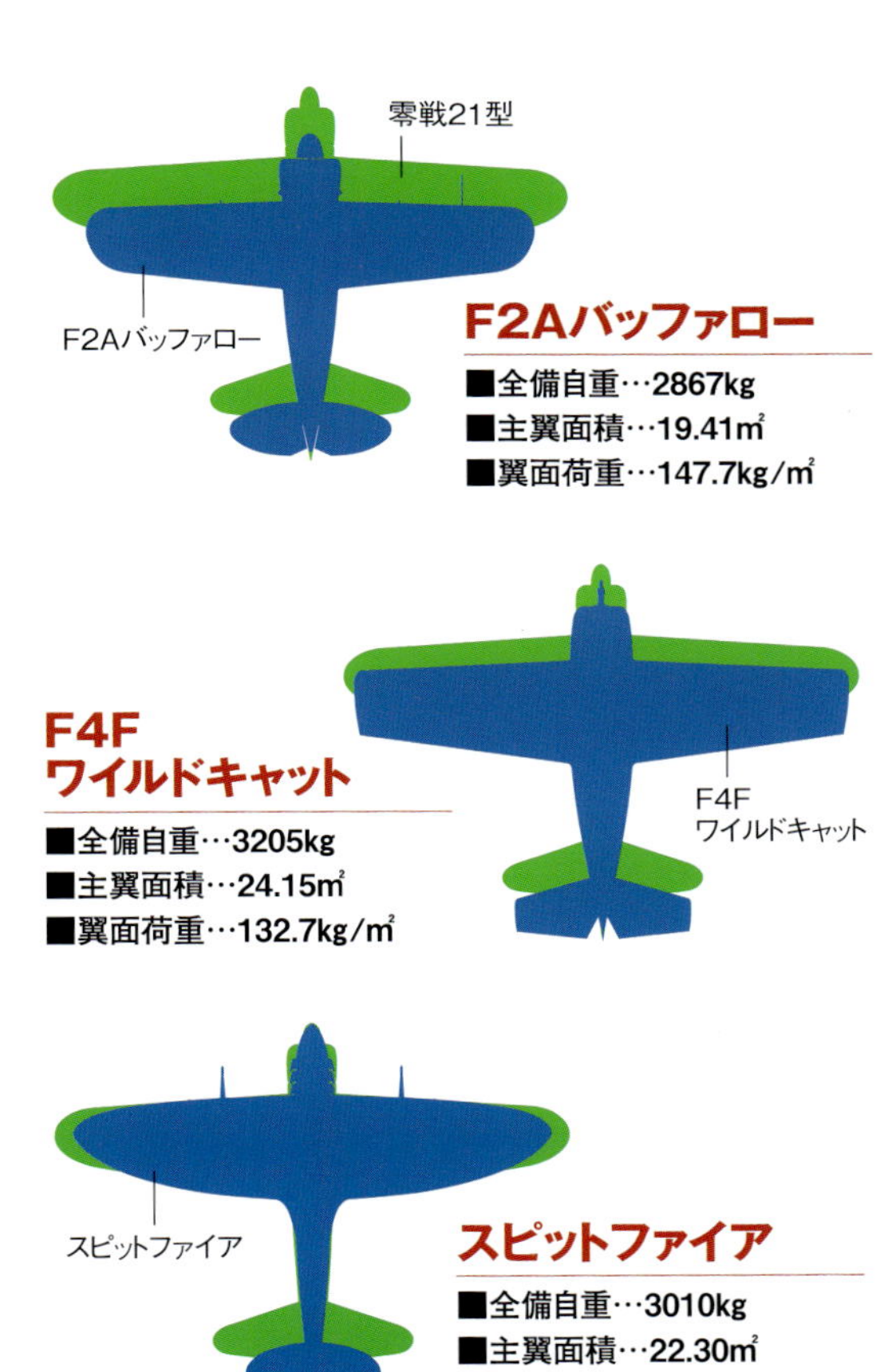

の図にあるように、各機体の重量および主翼面積を見比べてみると、零戦がいかに効率よく作られていたかが理解できるだろう。

翼面荷重が低いと格闘戦能力が上がるだけでなく、上昇力が向上し、離着艦が容易になる。また、低空（つまり、雷撃機や急降下爆撃機の行動する高度）で、戦闘に有利な上空を取ることもできる。さらに、戦闘中に高度を喪失しても、すぐ上空に脱出できる。

主翼が広すぎるとそれ自体が抵抗となり速力を削ぐが、零戦の場合は不要な鋲の１本まで排する徹底した軽量化により、高速戦闘機であり続けた。

広い翼を持つと、今度は艦上での運用に支障をきたす。翼が広すぎて、空母のエレベーターに乗らないのである。太平洋戦争後期の空母ではエレベーターを大型化して対応しているが、開戦時にそのようなものはない。

そこで零戦21型では、翼端をわずか50センチずつ折りたたんで、エレベーターに搭載できるようにした。主翼にかかる負担が少なく、重量の増加を最低限に抑える機構である。

主翼を折りたたむ戦闘機は決して珍しい存在ではない。グラマンの系統では、セミのように主翼が胴体に寄り添って折りたたまれる。しかしジョイント部には強い力がかかり、これに耐えるため不要な重量増大を招いた。

日本軍の屈辱的な敗北に終わったマリアナ沖海戦で、アメリカ軍は約１２０機の損失を出している。うち20機が戦闘による損失で、残りの１００機が事故による損失だった。搭乗員の死亡が１１０人とされているので、ほとんどが戦闘機の事故と考えられる。着艦補助装置の不備もあろうが、いかにグラマンの足が弱かったかを表す数字である。

世界で類を見ない破壊力の凄さ
山本五十六がこだわった20ミリ機銃

九九式20mm一号固定機銃

従来の戦闘機では7.7ミリ機銃が主流だったが、大口径化を目指すドイツやフランスと並ぶべく、山本五十六中将が推進、開発させた。スイス・エリコン社製20ミリ機銃のライセンスを買い取って生産した。

九九式20㎜一号機銃二型

■全長…1,331㎜　■重量…23kg
■砲口初速…600m/s　■発射速度…約520発/分
■給弾方式…60発ドラム弾倉
■使用弾薬…20㎜×70（通常弾、徹甲弾、焼夷弾）
■主な搭載機…零戦11型～21型

ブローニング

■全長…1,645㎜　■重量…38.1kg（三脚なし）
■口径…12.7㎜　■銃身長…1,143㎜
■ライフリング…8条右回り
■使用弾薬…12.7㎜×99（徹甲弾、曳光弾のみ）
■装弾数…ベルト給弾（1帯110発）
■作動方式…ショートリコイル

大口径で敵機を粉砕した20ミリ機銃に弱点はあるか

戦闘機は武器であり、結局は機銃を運ぶのが役目である。機銃が非力だと戦闘機の存在意義が激減する。

零戦の場合、20ミリ機銃2門、7・7ミリ機銃2門を搭載している。

20ミリ機銃については、よく破壊力がピックアップされるが、ここでは総合性能を考えてみよう。

20ミリ銃弾1発の重量はおよそ125グラム。1秒間に7発を発射できる。つまり相手にぶつける銃弾の重さは1秒に0・9キロ×2門で1・8キロである。

一方、連合軍が主流とした12・7ミリ機銃は銃弾重量40～50グラム。1秒間に10発程度を発射できる。4門積んでいたとしても秒間の発射重量は2キロで、零戦の20ミリに7・7ミリ機銃を付加した分とほぼ同等である。

不足を実感したアメリカは、ワイルドキャット初期型では4門搭載だったのをすぐ6門に増大している。

機銃の破壊力を決めるのは投射量ばかりではない。銃弾の発射初速や銃弾に炸裂弾を使えるかどうかである。この点においても零戦が上回っていた。

最大射程は20ミリが2000メートルなのに対して、12・7ミリが1000メートルである。20ミリ弾は、初速は遅いものの重量があるため、なかなか減速しないのである。

20ミリ機銃の優位点は攻撃力ばかりでなく、機銃重量にもあった。20ミリ機銃は1門23キロしかないのに、アメリカ製ブローニング機銃は38キロもあるのだ。破壊力が劣る上に重いのでは、増強しても飛行能力が低下する。

最後に、20ミリ機銃の弱点とされている「初速の遅さ」と「携行弾数の少なさ」について述べる。

20ミリ機銃は、7・7ミリに比べて弾が落ちやすいとされていたが、これも既に述べたように、初速の遅さから7・7ミリと比較してしまうためである。7・7ミリは初速こそ速いものの、すぐに減速してしまう。一方、後に20ミリ機銃4門とした雷電(らいでん)、紫電改(しでんかい)では、弾が減速するというクレームは聞かれない。

携行弾数の少なさも、決定的な弱点とはならない。初期型20ミリ機銃の携行弾数は60発。時間にして10秒足らず、たった2斉射で尽きてしまうと不評であったが、実際の空中戦は30秒から2分程度で決着がつく。その短い時間内で10秒も攻撃を続けられたのは、零戦が常に攻撃態勢を取り得たからである。いわば贅沢な悩みだったのである。

実物大20㎜機銃弾
絶大な威力を誇った20㎜機銃弾。発射初速こそ遅かったが、射程距離が長く、減速しにくかった。このほか一定の割合で曳光弾(えいこうだん)という光る弾が発射され、弾道を確認できた。また、炸裂弾も発射できた。

馬力が強く軽量で安定性の高い「栄」エンジンの実力

栄12型発動機

- ■型式…空冷星型
- ■シリンダー数…14
- ■回転…2500回/分
- ■馬力…980
- ■高度…4200m
- ■離昇馬力…940
- ■乾燥重量…530kg
- ■直径…1150㎜

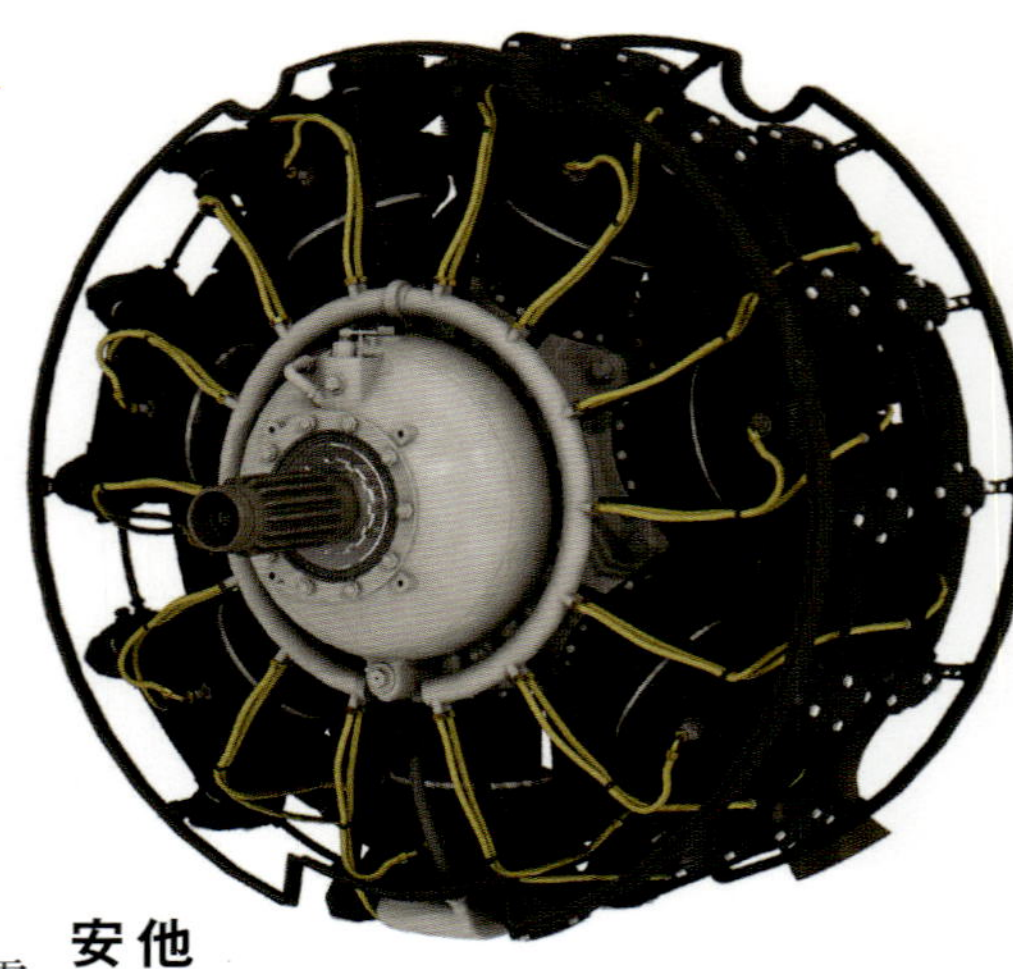

馬力比較表

日本	零戦21型	980
米国	F2Aバッファロー	1200
	F4Fワイルドキャット	1250
	F6Fヘルキャット	2000
	F8Fベアキャット	2100
英国	ハリケーン	1180
	スピットファイア	1050

他国と比べ遜色ない馬力と安定性を両立させたエンジン

零戦開発時、エンジンの候補は3つあった。三菱製「瑞星（ずいせい）」と「金星（きんせい）」、そして中島製「栄（さかえ）」である。零戦のメーカーである三菱としては自社製品を使いたかったが、「瑞星」ではパワー不足、「金星」では重量過大かつ安定していないという理由で、中島製「栄」が搭載された。

ちなみに、終戦間際、零戦に「金星」を搭載した機体が試作されたが、はかばかしい性能向上には結びつかなかった。「栄」は96式艦戦に使われた「寿（ことぶき）」発動機7気筒を2段14気筒にして、各部に改良を加えたエンジンである。

開発時にシリンダーの異常燃焼を起こすなどして問題となったが、スーパーチャージャー（過給器）を搭載し、作動を自動で制御した。その代償として燃料と空気の混合比を調整することが困難になったが、こちらも自動化した。その結果、低高度から高々度まで、パイロットが混合比を気にすることなく戦闘に集中できるようになった。

また「栄」発動機は97式艦攻にも使用されており、汎用性が高かった。安定性ばかりでなく、母艦上で爆撃機と戦闘機が同一のパーツを使用できるという運用上のメリットを生んだ。

大戦全期を通じて零戦の稼働率は9割ほどとされている。B29は3割とも4割ともされているので、飛び抜けて高い数字である。零戦に故障が少なかったのも発動機の安定性によるところが大きい。

零戦がもっとも高性能を発揮できたのは、4000メートル以下の比較的低い高度である。しばしば高々度でのスーパーチャージャーの吸気圧不足が指摘されるが、零戦はもともと艦上戦闘機であり、艦隊護衛にはむしろ好都合であった。

大戦後期にムスタングなどの新型機が登場するが、これらのエンジンは高々度で最高性能を発揮するようにセッティングされていたため、低高度では零戦の敵ではなかった。低空でムスタングの高圧スーパーチャージャーは、ただの重りにしかならなかったのである。

キャブレターのしくみ

「栄」エンジンの一番の特徴がキャブレター(空気に燃料を混合する装置)だった。英米製のキャブレターでは背面飛行や急激な引き起こし動作の際、うまく燃料が供給できずエンストを起こしたが、「栄」エンジンでは燃料の逆止め弁やバイパス通路、加速ポンプを備え、これを解決した。

低速にも高速にも対応！
定速可変ピッチプロペラ

プロペラと吸気口

零戦の試作1号機のプロペラは2枚羽だったが、機体の固有振動と共振し、大きな振動を起こしてしまった。そこで3枚羽とし、これを解消した。下は「オチョボ口」と呼ばれる吸気口。ここからエンジンのキャブレターに空気を送り込み、燃料と混合した。

航行中も戦闘中も最適な出力で機動力と効率を上げたプロペラ

零戦のプロペラは、アメリカのハミルトン社が開発したものを住友がライセンスを買い取って製造した「定速可変ピッチプロペラ」である。

「定速」とは、スロットル（自動車でいうところのアクセル）をいくら前進させても、プロペラの回転数が変化しないように、油圧でプロペラのピッチ（プロペラが1回転で進む距離）を変更させる方式である。

レシプロエンジンは低回転では出力が低く、高回転になるとパワーが上がるという特性があった。

たとえば、人間が自転車をこぐ時、完全に停止した状態からでも走り出すことができる。これは、人間というエンジンが低回転でも出力を発揮できるからだ。

反対に、マニュアルミッションの自動車を発進させる時、エンジンを吹かしてクラッチを繋がないとエンストしてしまう。回転が低いと出力が上がらないためである。

つまり、エンジンには「燃費が良くなる回転域」「パワーが出る回転域」がある。定速プロペラにはスロットルをいじっても適正な回転を維持する機能がある。無段階変速のオートマチックトランスミッションである。

それまでの飛行機は、固定式、ないし

可変ピッチのしくみ

高速運転時には、操縦席左の把手を前に倒す。するとプロペラの角度が変わり、たくさんの空気をかき出せるようになる。離陸・上昇など低速運転時には反対の動作を行なうことで、高速でも低速でも効率よくプロペラを回し、航続距離を延長させた。

は2段程度しか手動でピッチを変更できるシステムを持っていなかった。

いかに戦闘機でも、空中戦をしている時間よりまっすぐ飛んでいる時間のほうが長い。従ってプロペラは巡航状態にふさわしいピッチに固定されている。そうすると離陸の時、エンジン出力を上げてもプロペラは無駄に空気をかき出すだけで十分に上昇できない。自動車でいえばトップで走り出すようなものだ。

逆に離陸や、格闘戦にふさわしいピッチに固定してしまうと、今度は航続距離が不足する。

零戦の場合、高速モード、低速モード、自動モードの3つに手動で切り換えられる「可変ピッチ」方式を採用していた。巡航時は手動で高速モードに入れていたが、予期せぬ敵襲や、高度が目まぐるしく変わる空中戦で、定速プロペラは常に最適の出力を得ることができた。同時に、これは零戦の航続力伸張にも寄与した。プロペラもまた、零戦をバランスの取れた戦闘機にした要因のひとつなのである。

零戦21型を改良した後継機は本当に進化を遂げたのか?

超リアルCG再現!
零戦32型&52型を徹底解剖

日本が誇る零戦21型は、序盤の戦況を優位にした〝伝家の宝刀〟だった。しかし連合軍は、豊富な資源と技術を用いて続々と新型機を投入する。新たな敵機の登場を前に、日本は21型を進化させた後継機開発に着手した。

零式艦上戦闘機32型

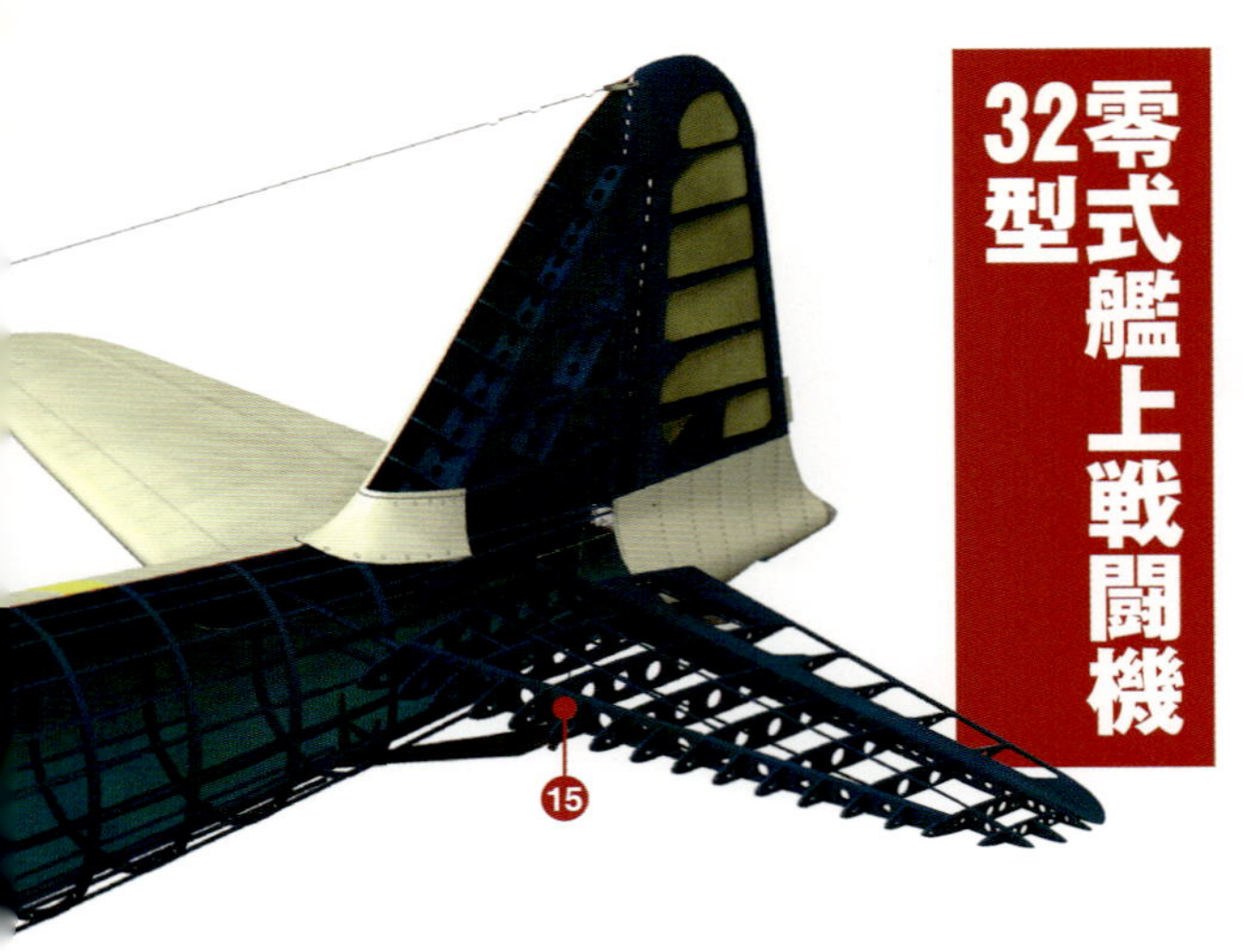

❶プロペラ／基本的には、これまでの零戦と同じ住友・ハミルトン社製の恒速式3翅プロペラ。しかし、栄21型エンジンの採用によって、直径が15cm大きい3.05mになっている。 ❷栄21型エンジン／零戦21型は栄12型エンジンだったが、新たにギアボックスと1段2速過給機を装備した。 ❸気化器 ❹発動機支持架 ❺潤滑油タンク ❻7.7ミリ機銃 ❼胴体燃料タンク ❽右舷翼端灯 ❾翼内燃料タンク ❿機首／エンジン重量が増加し、重心の位置が変わるのを抑えるため、防火壁の位置を185mm後退させた。胴体内燃料タンクの容量も半分以下に減少した。 ⓫ク式無線方位測定器ループアンテナ ⓬ピトー管 ⓭編隊灯 ⓮左舷灯 ⓯着艦フック／空母への着艦時に引っ掛けて機体を制止させる。 ⓰アンテナ支柱／本来の零戦32型はアンテナ支柱があるが、ラバウルで使用された機体は取り外している。アンテナ支柱は無線を使用するために取り付けていたが、信頼性が低い無線の使用を中止したため、軽量化を理由に外された。 ⓱翼端／零戦21型は折りたたみ式になっていた両翼だが、32型では折りたたみの部分(約50cm)がカットされ、直線的な形になっている。主翼の内部には燃料タンクが追加された。 ⓲カウリング／零戦32型では、栄21型エンジンの採用によって約90kgの重量が増加した。エンジンの変更によってカウリングの設計も変更され、従来よりも丸みを帯びた構造と空気の取り入れ口が上部に施され、機銃発射口も変更された。

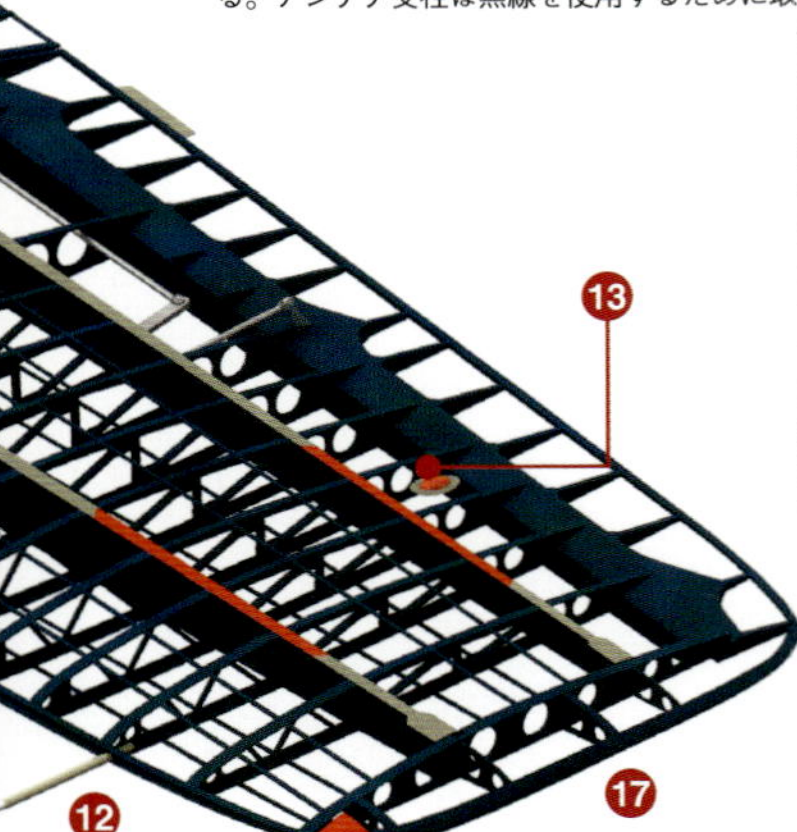

監修・文／**青山智樹**

１９６０年6月6日、東京都生まれ。東海大学理学部物理学科卒業。作家、軍事評論家として戦記や架空戦記小説の著書を多数執筆。個人サイト「小説家：青山智樹の仕事部屋」http://www.din.or.jp/~aoyama/

ＣＧ制作／**原田敬至**

１９５６年４月15日生まれ。フリーランスデザイナー、専門学校講師。戦闘機や戦車など近代兵器に関するＣＧ制作の第一人者。双葉社スーパームックの『零戦』や『ティーガー戦車』など多数の雑誌や書籍でＣＧ制作を手掛けている。個人サイト「Polygon Model」http://www2.cc22.ne.jp/~harada/

実戦投入前に航続力不足が発覚
時期を逸した悲運の零戦

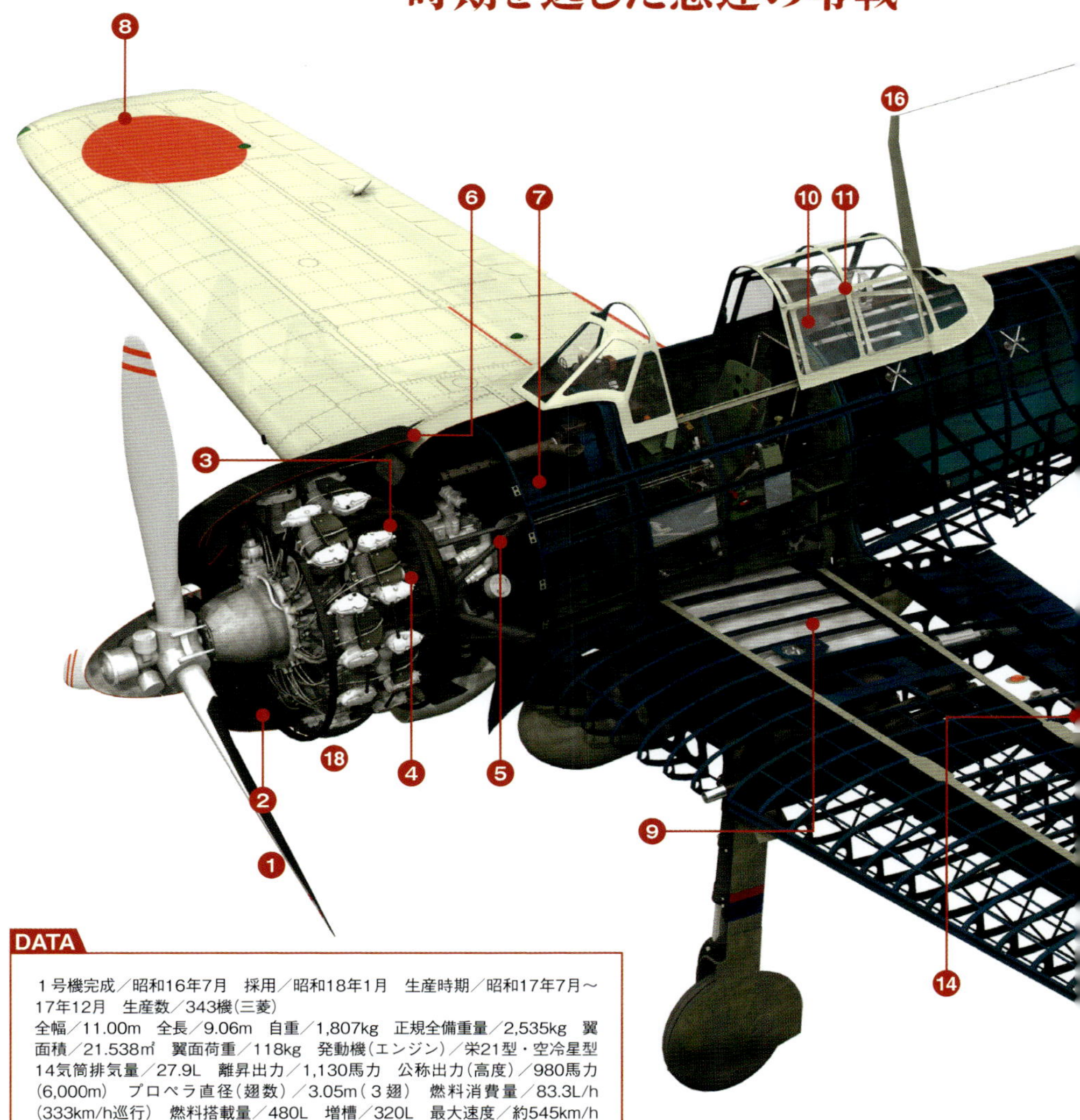

DATA

１号機完成／昭和16年7月　採用／昭和18年1月　生産時期／昭和17年7月～17年12月　生産数／343機（三菱）
全幅／11.00m　全長／9.06m　自重／1,807kg　正規全備重量／2,535kg　翼面積／21.538㎡　翼面荷重／118kg　発動機（エンジン）／栄21型・空冷星型14気筒排気量／27.9L　離昇出力／1,130馬力　公称出力（高度）／980馬力（6,000m）　プロペラ直径（翅数）／3.05m（３翅）　燃料消費量／83.3L/h（333km/h巡行）　燃料搭載量／480L　増槽／320L　最大速度／約545km/h　急降下限界速度／667km/h　航続力／全力30分＋2,134km　巡行航続力／3,000km（推算値）　上昇時間／7分5秒（6,000m）　翼内機銃／九九式20ミリ一号機銃二型改×２　装弾数（各銃）／100発　胴体機銃／九七式7.7ミリ機銃×２　装弾数（各銃）／700発　爆弾／60kg×２
＜特徴＞①栄21型のエンジンを搭載し、前方のカウリング形状が変更。　②高空性能は向上したものの、航続力が減少。　③切り落としたことで角張った翼端でロール性能が向上。　④20ミリ機銃には100発の大型弾倉が標準装備された。

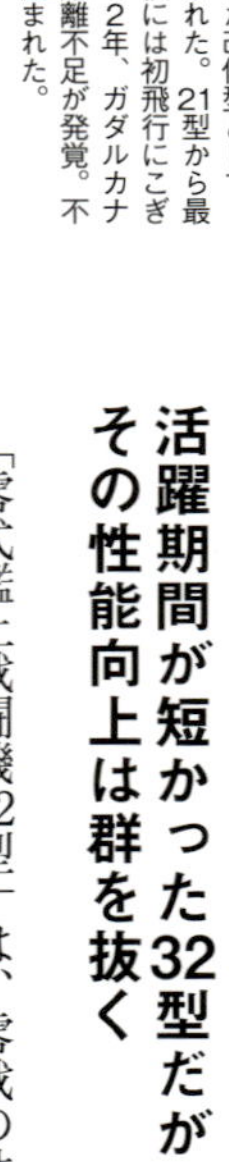

32型は高々度性能の向上などを目指した改修型として、１９３９年（昭和14）から生産が検討された。21型から最高速度や横転性能が改善され、2年後には初飛行にこぎつける。しかし生産を開始した１９４２年、ガダルカナルでの戦いが始まると戦地への航続距離不足が発覚。不運にもわずか半年で生産終了に追い込まれた。

活躍期間が短かった32型だが その性能向上は群を抜く

「零式艦上戦闘機32型」は、零戦の性能向上型の決定版と言える機体である。

外見的な特徴としては、それまで丸みを帯びていた翼端がすっぱりと矩形（長方形）に切り落とされている。このような翼端は他の日本機にはなく、32型最大の特徴となっている。

外観ばかりではなく、内部構造も従来の21型とは大きく異なる。エンジンの出力を増大させ、最大速度は５３３キロから５４５キロに向上し、零戦の弱点とされていた急降下限界速度も６６７キロにまで引き上げられた。携行弾数が少ないと不評であった20ミリ機銃弾は、60発から１００発に増大している。

一方で後退した部分としては、旋回性能の低下、航続力の縮小が挙げられる。しかし、旋回半径こそ21型より悪化してはいるものの、ロール率（旋回に入るまでの時間）は上がっており、翼面荷重そのものは米軍機のＦ４Ｆ、Ｆ６Ｆよりもはるかに優れている。高速性を活かして連合軍が多用しはじめたサッチ・ウィーブ戦法に対抗するには好適な機体であった。エンジンを大型化し、機銃搭載量を増やせば、機体重量は自ずと増大する。更に大型化したエンジンのため、胴体内燃料タンクは縮小せざるを得ず、これもまた航続力に悪影響を及ぼした。もっともこれらは21型との比較であって、すべての連合軍機より優れていた。

32型の不運はガダルカナル戦の生起にあった。ラバウルから１０００キロも離れたガダルカナルを攻撃するには、32型では航続力が不足したのである。そのため零戦21型が再生産され、32型に使用した大出力エンジンの栄21型を零戦21型の機体に積み、燃料タンクを増大した零戦22型が登場する。もし、この時期に空母対空母の海戦が発生していれば、32型はＦ４Ｆを圧倒しただろう。32型の優位を示すように、零戦52型は32型の小改造版とも言えるタイプとなっている。

零戦32型の主翼形状を21型に戻した22型をベースにして、昭和18年に全面改良が施されたのが52型だ。速度の向上を目指して開発され、太平洋戦争後半戦の主力機として量産された。機銃の変更や、防弾ガラスの設置など、攻守に改良が施されたが、機体の重量が増して上昇&運動性能が低下するなどの欠点もあった。

零戦の最高位に位置する52型
増速の性能を大幅に工夫

52型は、日本の工業力が洗練された太平洋戦争末期に登場し、零戦の中でもっとも多く生産されたタイプである。

大きな改造点はロケット型単排気管の装備である。エンジンは32型、22型と同じだが、それまで集合排気管だったものを、排気管から出る燃焼炎を直接後方へ向けることで速力増加が可能になった。

32型からの変更点は、翼端を丸くした点である。矩形の翼端は生産性が良いものの、空力的に不都合が生じる。主翼下面で発生した圧力は、翼端から上に吹き上げられて渦を生じ、これが抵抗となる。丸形や尖った形にすれば、抵抗は低減する。事実、52型は32型に比べて545キロから560キロへと最大速力を上げた。これは単純に単排気管の効果だけとは考えがたい。また、可変ピッチプロペラの角度を深くセッティングできるようにしたことも増速に寄与しているだろう。

機体の剛性向上のため、52型では機体表面を覆う外皮の厚さを倍増させる単純な手法（セミモノコック構造ならでは）を採用している。この構造は、零戦の初期設計がいかに優れていたかを物語る。

派生型が多いのも52型の特徴だ。機銃は20ミリ125発ベルト式が標準だが、初期には100発入りドラム型弾倉を使ったタイプや、長銃身型の銃を搭載したものもあった。さらに機首の7・7ミリを13ミリに換装したタイプ、20ミリの外側に13ミリを装備したタイプもある。防弾も多様で、前方からの弾を防ぐ防弾ガラス、後方の防弾板に加え、タンクもゴムで覆われた防漏式になった。自然、全備重量も重くなり、運動性能も低下する。

「改良ではなく改悪だ」と不満を述べたパイロットもいたとのことだが、爆撃機迎撃が主任務だったとすると、当然の変更であった。それでもまだ、連合軍機よりも優れた旋回性能を持っていたのだ。

攻守がバランス良く強化された零戦の最終完成形が誕生

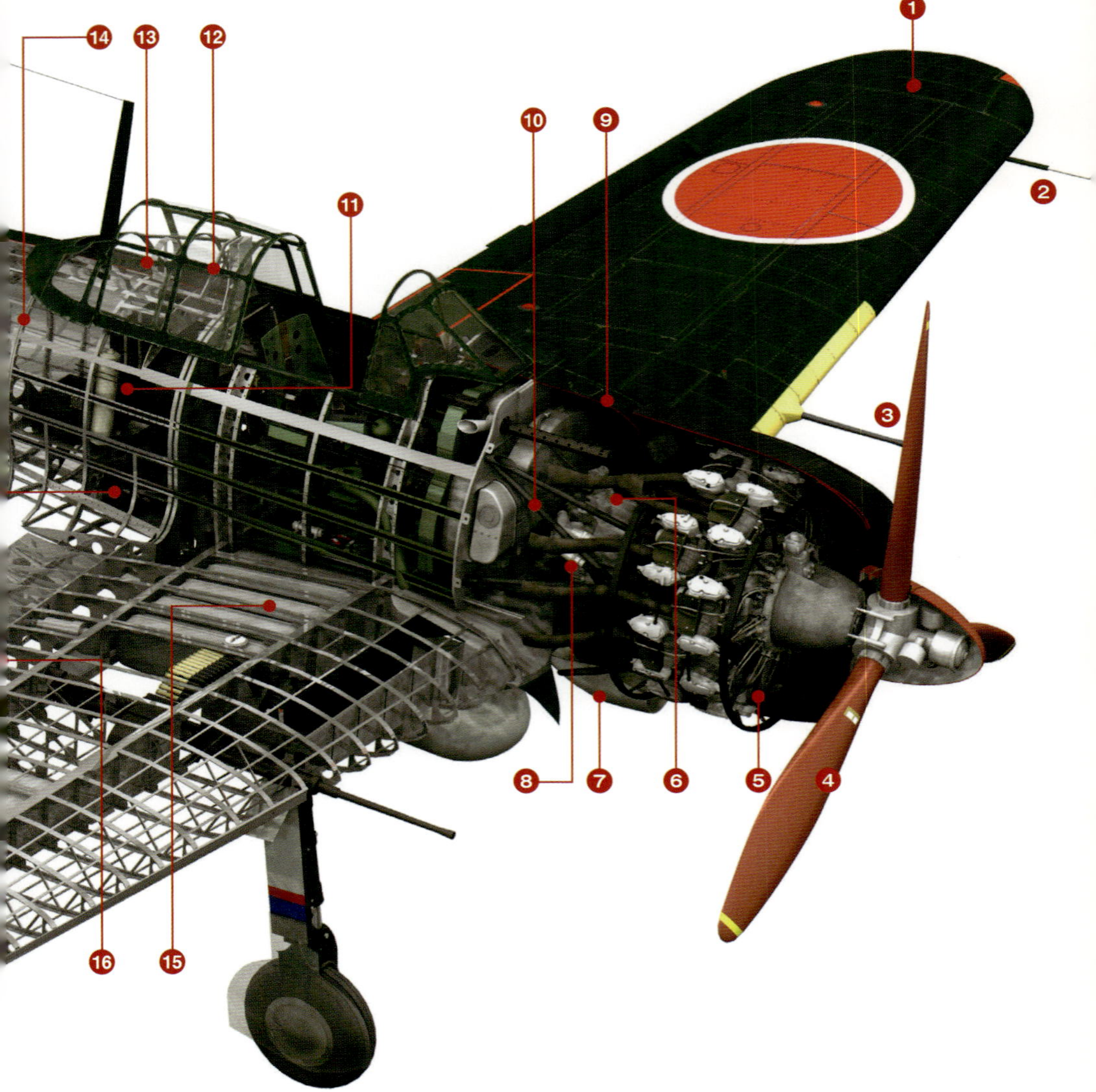

零式艦上戦闘機52型

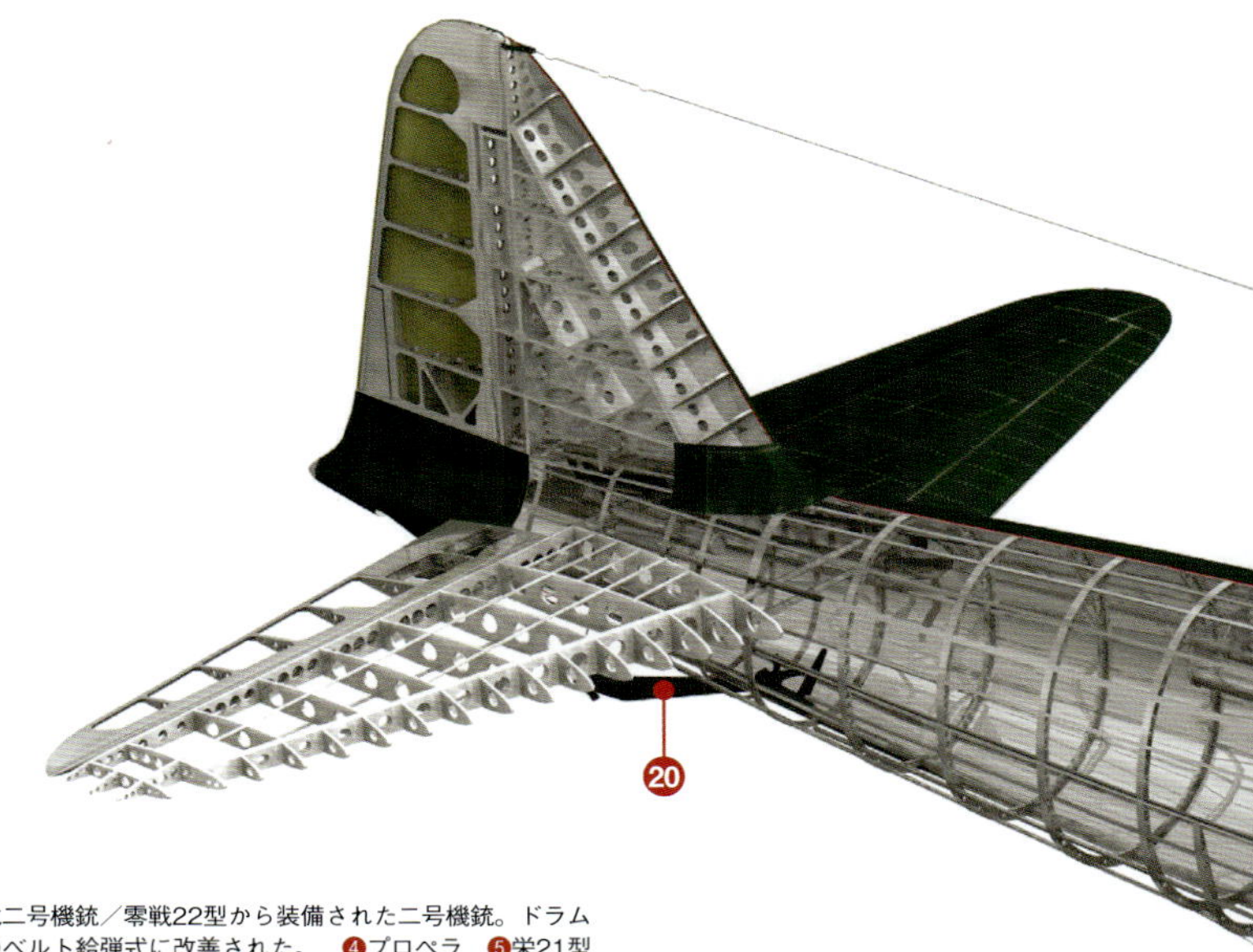

❶左舷灯　❷ピトー管　❸九九式二号機銃／零戦22型から装備された二号機銃。ドラム型弾倉から、１銃あたり125発のベルト給弾式に改善された。　❹プロペラ　❺栄21型エンジン　❻気化器　❼潤滑油冷却器　❽発動機支持架　❾7.7ミリ機銃　❿潤滑油タンク　⓫ク式無線方位測定器　⓬キャノピー／これまで防弾装備はなかったが45mm厚の防弾ガラスを装備した。　⓭ク式無線方位測定器ループアンテナ　⓮胴体結合部　⓯翼内燃料タンク　⓰左舷灯　⓱バッテリー　⓲外翼内燃料タンク／翼内燃料タンクの容量は、零戦32型では410リッターだったが、零戦52型では430リッターにまで増加した。加えて外翼部にも片側40リッターの小型タンクも追加で装備している。しかし、防弾装置の付いたタンクは採用されていない。　⓳編隊灯　⓴着艦フック

主翼……零戦52型の主翼は、零戦21型の翼端折りたたみ構造を廃止した零戦32型と同じ全幅11mになっている。形状は32型の角型に対し、丸みを帯びた半円状になった。翼内燃料タンクには自然消火装置が設置されている。

カウリング……エンジンは零戦32型と同じものを装備しているが、速度向上を目指して推力式単排気管を採用。そのため、カウリングも再設計がなされ、気化器取り入れ口やカウルフラップの形状が変更されている。

零戦52型甲……零戦の弱点だった急降下制限速度の増大と攻撃火力を強化。52型よりも約18kg重量が増加したが、急降下制限速度は時速667キロから740キロになった。攻撃火力では、ベルト給弾式で携行弾数125発の九九式20ミリ二号銃四型が備え付けられた。

零戦52型乙……52型甲をさらに改良し、初めて防弾装置を取り入れた。また、機首上部の右側には7.7ミリ機銃も配置して攻撃を強化。重量が増加して性能は若干低下した。

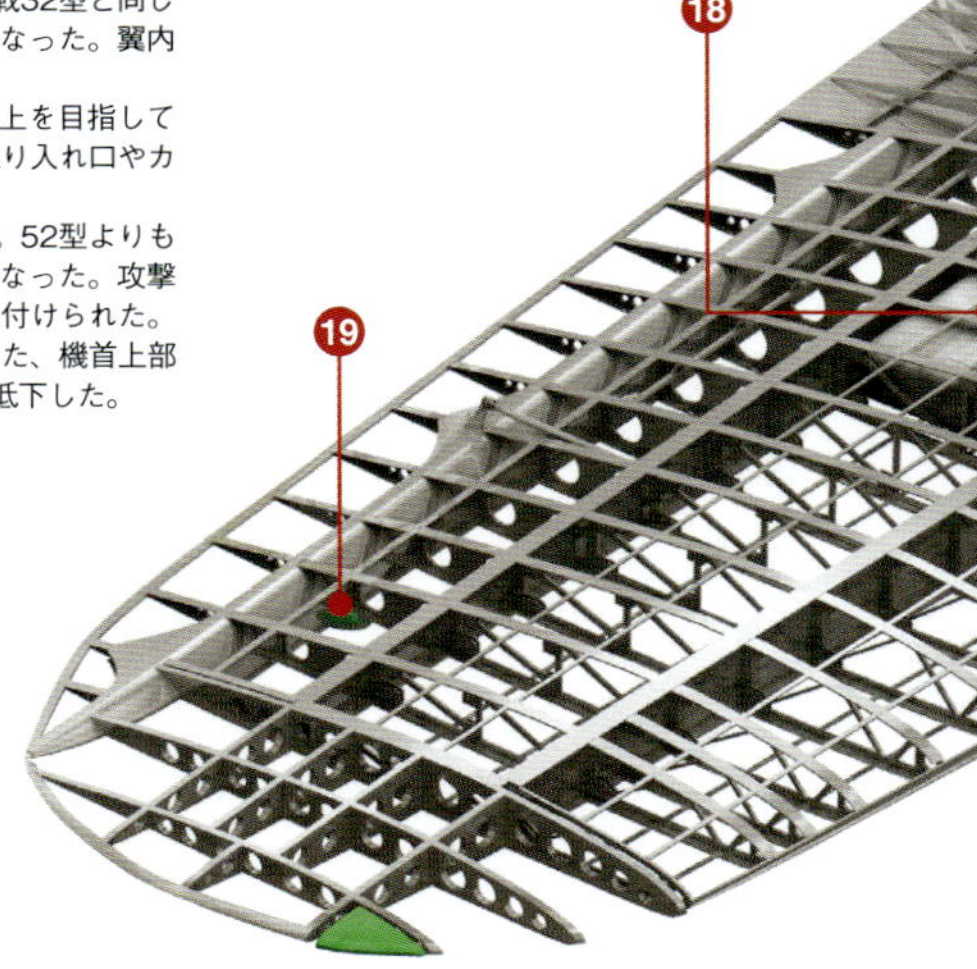

DATA

１号機完成／昭和18年4月頃　採用／昭和18年8月　生産時期／昭和18年8月～20年2月　生産数／1,607機（三菱）、1,600機（中島）　全幅／11.00m　全長／9.05m　自重／1,876kg　正規全備重量／2,733kg　翼面積／21.338㎡　翼面荷重／128kg　発動機（エンジン）／栄21型（三菱・中島）空冷星型14気筒　排気量／27.9L　離昇出力／1,130馬力　公称出力（高度）／980馬力（6,000m）　プロペラ直径（翅数）／3.05m（３翅）　燃料消費量／83.3L/h（333km/h巡行）　燃料搭載量／570L　増槽／320L　最大速度／約560km/h　急降下限界速度／667km/h　航続力／全力30分＋2,560km　巡行航続力／3,360km（推算値）　上昇時間／7分1秒（6,000m）　翼内機銃／九九式20ミリ二号機銃三型改×２　装弾数（各銃）／100発　胴体機銃／九七式7.7ミリ機銃×２　装弾数（各銃）／700発（7.7ミリ機銃）、230発（13ミリ機銃）　爆弾／60kg×２
＜特徴＞①32型で採用された主翼の角型翼端を丸くした。　②翼内タンクに自動消火装置を設置。　③推力式の単排気管を装備。

零戦52型の操縦席をCG再現！

機能性と完成度を高めた空の戦場

太平洋戦争時に日本が自国の技術の粋を注ぎこんだ零戦の開発。世界でも上位クラスの開発技術を持っていた。零戦を操るパイロットたちの戦場である操縦席もまた、現代の飛行機でも通用するほど完成度の高い設備であった。後半戦に量産された52型の操縦席をCGで再現し、機能性に優れていたとされる零戦の内部構造に迫る。

操縦員は操縦席に座ると、まずは燃料計を見る。燃料の有無を確認後、落下傘ハンドを準備。その後、操縦桿とフットレバーを最大位置まで動かして、各舵が動くことを確認し、ようやくエンジンを始動する。始動後は燃料計などの計器を確認。とくに油圧計の油圧が上がっていることを確認しないと、潤滑油がない場合、エンジンが焼きつく危険がある。これらの正常を確認した後に、離陸となる。

現代に通じる操縦席の形は完成度の高いものだった

操縦席の構造は、零戦21型、32型、52型いずれのタイプも大きな変更はない。温度計の位置が変わったのと、パラシュートが背負い式になったために椅子の形が変わった程度で、それ以外は爆弾投下索の追加（戦闘爆撃型）、着艦フックの巻き取りハンドル（最初期型と迎撃機型はフックを持たなかったため）など特殊装備の変化だけである。それだけ零戦のコックピットは、最初から完成されたものだったのである。

操縦席全体のレイアウトとしては、計器板の中央に水準儀が置かれている。水準儀はそれひとつで磁石、飛行機の姿勢を確認できるものであり、現代の戦闘機のみならず、一般の旅客機でも中心に据えられる重要な計器である。零戦の操縦席は、全体に現代でも通用する計器配置になっている。

操縦系統としては、左側に空気吸入量

や燃料投入量を調節するミクスチュア、エンジンの回転数や出力を制御するスロットトル、手動にした場合のプロペラピッチコントロールがあり、これらもすべて前進させると加速するように人間工学的に考えられた構成である。零戦の計器板で目立つのはエンジン温度に関する計器が多い点である。これらは開発段階のエンジン「栄」が、過熱によってシリンダ焼失事故を起こした名残であろう。

零戦の操縦系統で複雑な部分が「油圧系統」と「燃料系統」である。

零戦は主脚、尾輪、フラップを油圧で駆動しているが、軽量化のために油圧ポンプを1台しか持っていない。それぞれの部分を動かそうとすると、セレクターを動かす必要がある。つまり着艦の場合は4回切り替えることになる。

❶98式射爆照準器 ❷7.7mm機銃装填用レバー ❸7.7mm機銃 ❹無線機 ❺回転計 ❻燃料圧力計 ❼油圧計 ❽旋回計 ❾水準儀 ❿昇降度計 ⓫速度計 ⓬航空時計 ⓭排気温度計 ⓮吸入圧力計 ⓯油温計 ⓰筒温計 ⓱高度計 ⓲主断器（エンジン・メイン・スイッチ） ⓳航路計 ⓴オイル冷却器シャッター開閉ハンドル ㉑操縦桿 ㉒酸素調節器 ㉓酸素計 ㉔燃料注射ポンプ ㉕A.M.C（オート・ミクスチュア・コントロール） ㉖スロットル・レバー ㉗A.C./プロペラピッチ変更レバー ㉘フットレバー ㉙脚切り替えレバー ㉚フラップ切り替えレバー

※操縦席正面に座っての視界を再現。零戦は視界が大きいというが、遮るものは多い。

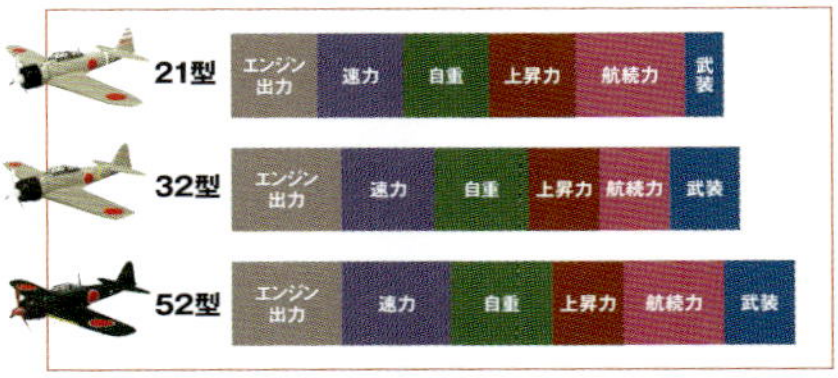

零戦は基本的に21型から改良を施されている。しかし、32型は21型より速度と高々度性能の向上を目指したが、翼面荷重が増加して運動性能が低下。さらに52型では水平最高速度を向上させたものの、武装強化などによって機体は重くなり、運動性能は大幅に低下した。

燃料系統も複雑である。落下式増加タンク、左右の燃料タンク、胴体内タンクを状況に応じて切り替える。間違えるとエンストするため、巡航時なら冷静に判断できるだろうが、戦闘時には難しい。アメリカのコルセアや、ドイツのメッサーシュミットはモノタンクと呼んで、ひとつのタンクしかない。ただし、航続距離が犠牲となっている。

零戦はもともと対戦闘機戦闘と、艦隊を爆撃機から守る迎撃機の役割を負わされていた。11型、21型でも搭載された20ミリ機銃は、戦闘機を相手にするにはオーバースペックだった。しかし、そのお陰で連合軍の小型機が装甲を厚くして守備力を高めても対応するができたのだ。

32型には活躍の場が与えられなかったものの、一撃離脱戦法の高速化に対応しようとしているのが見て取れる。その後、52型の誕生によって迎撃機の傾向は最高潮に達した。しかし、零戦にとって不幸だったのは、搭載可能な大出力エンジンが得られなかった点であろう。

「打倒！零戦」で投入された 米軍が誇る高性能ライバル機

太平洋戦争開戦から序盤戦にかけては、日本の誇る零戦が連合軍を圧倒し、制空権をほしいままにしていた。しかし物量と技術に勝る連合軍は、続々と新型の戦闘機を開発して太平洋の空へ投入し、零戦にぶつけてくる。戦況が進むにつれて零戦の改良は連合軍の後塵を拝し始め、米軍のライバル機が空の支配を広げていく。

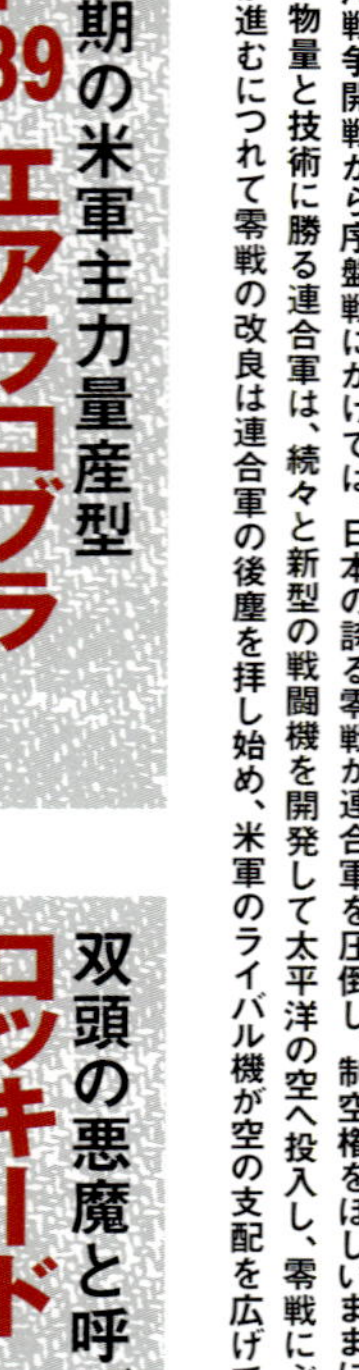

初期の米軍主力量産型 P39 エアラコブラ

昭和17年から投入された、太平洋戦争初期における米国陸軍の主力戦闘機。アメリカのベル社が設計・試作を行い、合計9,558機も生産された。高空での性能は零戦に劣るため、米国内では評価が低いが、低空での運動性能には優れていた。
発動機／1,150馬力1基　最大航続力／2,486km
最大速／592km/h（3,658m）　上昇限度／9,784m

双頭の悪魔と呼ばれた ロッキード P38 ライトニング

昭和17年末から太平洋戦線に登場した戦闘機で、高空性能と速度は他の戦闘機の中でも突出していた。しかし、P-39エアラコブラと対照的に低空での性能は零戦に劣っており、急降下からの攻撃～素早い離脱による一撃離脱戦法で対抗した。発動機／1,325馬力2基　最大航続力／3,098km最大速／636km/h（7,620m）　上昇限度／11,887m

次々に登場するライバル機 対零戦で向上させた性能とは？

零戦は活躍期間が長かったため、多機種の機体とぶつかっている。アメリカ海軍機に限っても、開戦時はＦ２Ａバッファローだったのが、すぐにＦ４Ｆワイルドキャットに替わり、Ｆ４Ｕコルセアの出現をみて、Ｆ６Ｆヘルキャットとぶつかっている。

アメリカ陸軍機ではＰ36ホーク、Ｐ40ウォーホーク、Ｐ39エアラコブラ、Ｐ38ライトニングが開戦時の零戦のライバルで、太平洋戦争で最後に出現した決定版がロッキードＰ80シューティングスターである。途中、試作で終わった機もあるのですべてが戦場にやってきたわけではないが、おおよそ40機種が考案された。

零戦は改良を重ねながら、これら多彩な機種と戦っている。そのため、世界でもっとも多機種の戦闘機と手合わせしているのではないか、とされている。

バッファローはアメリカ海軍機初の全金属単葉の機体だったが、アメリカ海軍は性能に満足せず、すぐにワイルドキャットを発注している。事実、ミッドウェー海戦では、出撃したバッファロー30機全機を損失するという大被害を出している。開戦時に並行して使われたワイルドキャットは、速度こそ零戦に勝ったものの、他のすべての性能で零戦に劣ったため、数を頼りに戦うことになる。

CG制作／後藤克典

零戦の好敵手「グラマンの魔女」F6Fヘルキャット

昭和18年に登場したF6Fヘルキャットは、太平洋戦争中期の米国軍における主力機だった。航続力や旋回性能では零戦に劣るものの、それ以外の性能では零戦を上回っている。頑丈な機体で守備力を保ちながら強力な武装も備える、攻守にわたって強力な零戦のライバルだった。太平洋戦線で撃墜した零戦は5,000機以上といわれている。

発動機／2,000馬力1基　最大航続力／2,977km　翼面積／31.02㎡　全備重量／5,643kg　最大速／605km/h(6,096m)　上昇限度／11,704m　武装／12.7mm機銃×6　生産数／計12,275機
昭和17年6月に初飛行を行ったが、10月には量産の１号機も初飛行、その約１年後には部隊に配置されるハイペースで生産と実戦投入がなされた。

最大速度　格闘性能　低空性能　高空性能　航続性能　武装

両軍とも空母機動部隊を損耗し、次に艦載機が海戦に参加するのは1944年（昭和19）である。この頃、艦載機として使われ始めたコルセアは、高速性を第一に作られた機体で、一撃離脱戦で零戦を脅かしたが、離着艦性能に難があった。アメリカ海軍が零戦に対抗できる戦闘機を得るのは、ヘルキャットであった。

陸軍に目を向けてみよう。P36とP40は兄弟機ともいえる機体で、P36が空冷、P40は水冷でP36より70キロも高速化した機体だが、格闘戦に入ると零戦の敵ではなく、逆に零戦側は旧式のP36を手強いと見ていた。P39エアラコブラは胴体中心にエンジンを置き、ジョイントでプロペラを回転させ、さらにプロペラ軸から37ミリ砲を発射する機体であった。加えて、両翼に2丁ずつの12・7ミリ機銃を装備していた。武装は強力であったが、高々度でまともな性能を発揮できず、零戦のエサとでも呼べる機体だった。

P38ライトニングは山本長官機を撃墜したので有名な機体である。太平洋戦争前夜、各国で双発戦闘機の開発が進められた中で唯一、成功した機体である。エンジン本体はP39と同じものだったが、強力なターボチャージャーで高々度性能と高速性を実現させた。ただし、開戦初期頃には低空で零戦に格闘戦に引きずり込まれ「すぐ食える」という意味合いからペロ八とか、メザシと呼ばれた。後期は高々度からの攻撃で零戦を追いかけ回したが、主任務は強行偵察とされ、第一線の戦闘機ではなかった。結局、アメリカ陸軍が零戦にまともに張り合うには、1943年末のP47サンダーボルト、P51ムスタングが登場するまで、有効な戦闘機を保有し得なかったのである。

F6Fヘルキャットの登場で零戦優位の流れが変わる

ページ上部では、零戦を標準の3として、アメリカ軍の3機種と比較をした。

最大速度は、エンジン出力が低い零戦がどうしても劣る。しかし、小さいエンジンを使用して、軽量であるため航続力は圧倒的に長大である。格闘性能は双発機であるP38が圧倒的に不利であり、P39も大したことがなかったと言われている。意外なのがヘルキャットで連合軍機中、最も優れた格闘性能を持っていた。

低高度性能と高々度性能を両立させることはなかなか難しく、成功した機体はないと断言できる。零戦はもともと高々度性能が良くなかったが、初期設定の良さから低高度での総合性能は優れている。エアラコブラは比較的優れていたがその分高々度では使い物にならなかった。真逆なのがP38で、高々度の速度性能は恐るべきものがあった。

F6Fは艦載機でもあり、零戦と比較的似た性能となっている。どちらが強いかというと、エンジンパワーが零戦の倍以上あるヘルキャットに軍配が上がる。

アメリカ海軍の主力戦闘機の変遷を追う

グラマン社製戦闘機の最強図鑑

バッファローと競作の末生まれた初期の主力戦闘機

F4Fワイルドキャット

米海軍が大戦初期に主力とした戦闘機。F4F-3は翼の折り畳み機構を備えていなかったため、イギリスは「マートレット」の名で折り畳み翼の機体を発注。米海軍も折り畳み翼を導入したF4F-4を開発した。発動機／1,200馬力1基　最大航続力／1,290km　最大速／511km/h　上昇限度／10,637m

高々度性能
低高度性能
旋回性能
攻撃力
航続力
武装

WIN VS. LOSE

ミッドウェーで零戦に完敗

F2Aバッファロー

米海軍が、他国の陸上戦闘機に匹敵する空母艦載機を配備すべくコンペを開催した。それに応えてブリュースター社が開発した機体。3型まで改良を重ねたが、他国の戦闘機には対抗できず、大戦初期に前線を退いた。発動機／1,200馬力1基　最大航続力／1,553km　最大速／517km/h　上昇限度／10,120m

高々度性能
低高度性能
旋回性能
攻撃力
航続力
武装

パイロット

対零戦戦法を確立
ジョン・サッチ

零戦に対抗すべく米海軍でワイルドキャットの飛行編隊を率いた指揮官。2機が1組となって零戦を仕留める「サッチウィーブ」戦法を編み出した。日本の特攻機対策として、大規模な戦闘機による防御網「ビッグ・ブルー・ブランケット」も考案した。写真／USN

バッファローとの競作で グラマン社がリベンジを果たす

アメリカの航空機メーカー・グラマン社は、1936年、艦上戦闘機F3Fを開発したが、コンペでブリュースター社製のF2Aバッファローに敗れてしまう。その不採用を不満としたグラマン社が開発したのが、F4Fワイルドキャットである。

ワイルドキャットは、複葉（主翼が2枚）であったF3Fを全金属製の単葉とし、近代化した機体である。これは好評を持って米海軍に迎えられた。

バッファローもしばらくの間、一線機として使用された。ところが海軍は性能的に不満があるとして、すぐにワイルドキャットに置き換えることになる。

バッファローの末路は惨めで、ほとんどの機体がヨーロッパに輸出された。太平洋戦線ではイギリスがシンガポール防衛に使うが「バッファローのバッキャーロー」と呼ばれるほどの劣性能ぶりで、日本軍機に一掃されてしまう。米軍もミッドウェー海戦で30機を配備したが、全機を損失している。

カタログデータ上ではワイルドキャットにさほど劣るものではないが、使い勝手が悪かったのか、艦載機として欠陥があったのかもしれない。現実問題として、望遠鏡式の照準器、単列七気筒エンジンなど、旧弊な設計であるのは否定できな

カミカゼを止めよ！最強のレシプロ機、ついに完成 F8Fベアキャット

改良ポイント

零戦の後継機・烈風とは逆に小型化を図った！

零戦の後継機・烈風が大型化したのに対し、ベアキャットは小型化を図り、高い加速性を実現した。烈風試作機が全長10.984m、全幅14m、対してベアキャットは全長8.38m、全幅10.82mと差は歴然。

F8F ベアキャット

烈風

1944年に初号機が完成。米軍が回収した零戦52型との模擬空戦では、圧倒的な強さで勝利を収めた。しかし配備が開始されたのは終戦直前の1945年8月で、実戦には間に合わなかった。発動機／2,100馬力1基　最大航続力／1,780㎞　最大速／698㎞/h　上昇限度／11,860m

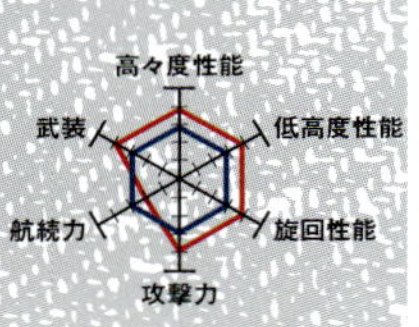

い。

零戦を相手に改良を重ねついに傑作機が誕生

バッファローとの競作には勝ったものの、ワイルドキャットも凡庸な機体であった。最初期型では機銃4丁であったのを6丁に増設し、かろうじて零戦に対抗できるようにした。しかし、速度、上昇力、旋回性能のいずれも初期型の零戦に劣った。

ミッドウェー海戦は日本の大敗であったが、搭乗員は多数救助されている。一方、アメリカ側も空母搭載のワイルドキャットのほぼ全機を損失、損傷した。

そのようなか画期的であったのが、ジョン・F・サッチ中尉によって実施された対零戦戦法「サッチウィーブ」であろう。

2機が1組となり、1機がもう1機の斜め上方で待機する。そして低位置機が戦闘に入ると、護衛機が急降下して援護する。パイロットの後方視界が優れないワイルドキャットにとって有効な防御隊形であった。零戦の脆弱性を突いて、攻撃的な用法もされるようになる。

ワイルドキャットに次いで、グラマン社はF6Fヘルキャットを完成させた。「グラマンの魔女」と恐れられた、零戦の強力なライバルである。

しかし、ヘルキャットは非常に大きな機体であり、護衛空母などに乗せられなかった。また重量過大で、着艦時の事故が絶えなかった。艦載機としては有効であったが、陸上機と比べると見劣りもする。これらの理由から、グラマン社はすぐに次世代機の開発に着手した。

そして完成したのが、次世代機F８Fベアキャットである。

ベアキャットは、エンジンこそヘルキャットと同じ、プラット・アンド・ホイットニー社製のダブルワスプエンジンを積んでいたが、さらに機体を徹底して小型、軽量化した。

それでも重量が大きく、旋回性能は零戦や、零戦の後継機である烈風より劣っていた。が、最大時速605キロであったヘルキャットに対し、ベアキャットでは時速700キロ近い高速性を実現した。これにより、零戦とも戦闘を優位に進められただろう。

ベアキャットの弱点として、小型化・軽量化が過ぎたため、燃料の搭載量や機銃の搭載スペースに不足をきたした。機銃は12・7ミリ4丁で、旧式のバッファロー並みである。これでは後期型零戦の装甲を破れない。

戦後、ベアキャットの機銃を20ミリ砲に換装した。大戦中、米軍はまともな20ミリ砲を開発していないので、零戦の九九式機銃をコピーしたのかもしれない。

しかし、すでにレシプロ（プロペラ）戦闘機の時代は終わっており、米軍によって使用されることはなかった。

高速機、大型機、そして中国で結成された対日戦闘部隊

零戦に立ちはだかった米陸海軍の戦闘機

時速400マイルを初めて突破！ F4Uコルセア

コルセアとは海賊船の意。1940年当時、開発途中だった最先端のP&W社製の「ダブル・ワスプ」エンジンを搭載し、2,000馬力で時速400マイル（664㎞／h）を突破した高速戦闘機。発動機／2,000馬力1基　最大航続力／1,633㎞　最大速／664㎞/h　上昇限度／11,247m

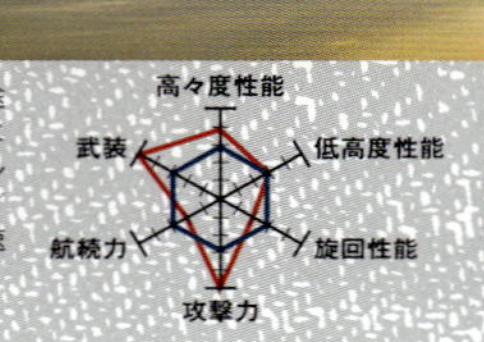

パイロット

ブラック・シープ隊のエース グレゴリー・ボイントン

海兵隊第214戦闘中隊、通称「ブラック・シープ隊」を率いた米海軍のエースパイロット。コルセアを駆り、多くの日本軍機を撃墜した。しかし1944年1月、ラバウル上空で零戦に撃墜されてしまう。戦死は免れたが洋上で日本軍の潜水艦に救助され、捕虜となった。終戦は東京で迎えた。終戦後、現役に復帰するが、2年後に退役。写真／USN

大型でグイグイ引っ張る！ P47サンダーボルト

米陸軍が、スペックの高いドイツなどヨーロッパの戦闘機に対抗すべくリパブリック社(旧セバスキー社)に開発させた重戦闘機。12.7ミリ航空機銃8丁に加え、1130㎏もの爆弾、ロケット弾を搭載できた。発動機／2,300馬力1基　最大航続力／1,400㎞　最大速／683㎞/h　上昇限度／12,800m

高々度性能
低高度性能
旋回性能
攻撃力
航続力
武装

速く、ひたすら速く！しかし零戦との戦いは苦手

米軍は戦闘機を採用するとき、コンペを行う。ボート社製のF4Uコルセアは、F6Fヘルキャットとコンペを行い、双方ともに採用となった戦闘機である。

ヘルキャットが手堅い設計であったのに対し、コルセアは主翼が途中で上向きに曲がる「反ガル翼」など、新機軸を取り入れた斬新な機体であった。

開発コンセプトは「速く、ひたすら速く」であった。

一般的に高速機ほど、離着陸の性能は劣る。コルセアも例外ではなく、初期型は艦載機として使用できなかった。結果、海兵隊により陸上機として対地攻撃などに使われるケースが多く、戦闘機としての使用頻度はヘルキャットより少なかった。空母に搭載されるのは太平洋戦争末期になってからである。

機体が大きく、搭載量にも余裕があったため、エンジンを換装するなど派生型が多いのも特徴である。

しかし、速度重視の機体で、零戦との戦いは苦手だった。

ヘルキャットは、航続距離や旋回性能こそ零戦に劣っていたものの、他の性能で上回り、かろうじて零戦との格闘戦に臨めた。これに対し、コルセアでは高速性が災いして、一撃離脱戦に徹するしかなかったのである。

中国で義勇兵「フライング・タイガース」結成 P40 ウォーホーク

フライング・タイガース

ウォーホークを使った部隊として有名なのが、中国で結成されたアメリカ合衆国義勇軍、通称「フライング・タイガース」。零戦の登場で形勢不利となった蒋介石の中国政府が米軍から志願兵を募って結成した。写真はP40を中国兵が護衛している様子。写真／NA

数多く生産された米陸軍機。鮫口のマーキングで有名となった。零戦と比べ性能面では劣勢だったが、戦争の経過とともに互角に戦えるようになっていった。1944年まで太平洋で活躍し続けた。発動機／1,040馬力1基　最大航続力／1,200㎞　最大速／555㎞/h　上昇限度／9,230m

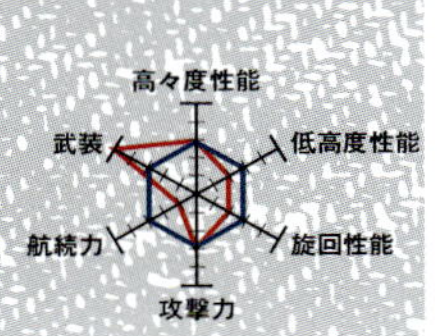

高速、重武装とパワーは充分 しかし低空性能が致命的だった

リパブリック社製P47サンダーボルトは、ヘルキャット、コルセアと同じエンジンを積み、比較されることが多い。

ヘルキャットやコルセアがスーパーチャージャーを搭載していたのに対し、サンダーボルトはターボチャージャーを搭載していた。スーパーチャージャーとはエンジン自体の動力によってエンジンに空気を送る機構だが、ターボチャージャーはエンジンからの排気を利用してエンジンに空気を送る機構で、効率がよい。そのためコルセアよりも高々度、高速度性能を向上させた。武装も12・7ミリ機銃が8丁と、連合軍機中、最強である。

ただし、機体重量が過大で航続力が短く、活動範囲が限られた。太平洋戦線では航続力不足から、迎撃機として使われるケースがほとんどだった。

一般的に飛行機は離陸直後が弱いものだが、サンダーボルトは極端で、4000メートル以下では加速性は悪い、上昇力は低い、速度も出ないと3拍子揃っていた。迎撃に出たはいいものの、日本軍の隼に振り切られてしまったという例もある。零戦が相手ではなおさら歯が立たなかった。その特性から、零戦との空戦記録は多くない。航続力を延長したN型が完成したのは、終戦直前であった。

零戦に一掃されたが扱いやすく長く使い続けられた機体

太平洋戦争の開戦当時、米軍の最新鋭機だったのが、カーチス社製のP40ウォーホークである。

従来機のP36ホークは空冷（外からの空気で内燃機関を冷やす）エンジンであったが、ウォーホークでは液冷（液体を用いて内燃機関を冷やす）エンジンを搭載した。これにより、最大速度を向上させている。

ところが実際に戦争が始まってみると、最新鋭機が、零戦を始めとする日本軍機にまったく敵わなかった。

フィリピンでは開戦初日にほとんどが地上撃破され、残った機体も零戦に一掃された。

真珠湾でも数えるほどのウォーホークが迎撃に上がったとされているが、さしたる戦果も挙げていない。極めて凡庸な機体であった。

しかしながら、頑丈で整備性にも優れ、非常に扱いやすい機体であった。そのため、開戦から2年目の1943年、P47サンダーボルトが登場するまで、急降下一撃離脱戦法を多用して使い続けられることになる。

「平凡な機体でも使いようによっては戦力になる」

という、海軍のF4Fワイルドキャットと似たような戦訓を残している。

イギリスの強力なエンジンとアメリカの開発技術が傑作機を生んだ
米軍で最強の戦闘機「ムスタング」開発秘話

1 イギリスの傑作エンジンを採用

マリーン液冷エンジン

イギリスの自動車メーカー、ロールス・ロイス社が開発したレシプロエンジン。その性能の高さから、アメリカのパッカード社もライセンスを受けて生産した。内燃機関を冷却する過給機（キャブレター）を改良し、搭載する機体側の仕様変更を最小限に留めた。V字型エンジンの片側に6気筒ずつシリンダーが配置されている。

2 ドロップタンクで航続距離を延長

ドロップタンク

P47サンダーボルトでは航続距離に不足があったことから、内部燃料に加えて、不要になったら投下できるドロップタンクを装備した。これにより航続距離は最終的に2,410㎞（D型）まで延長し、ドイツへも往復が可能となった。この特長を活かし、ドイツに侵入する爆撃機の護衛を行なった。写真提供／青山智樹

試作機XP51

ムスタングの原型となった試作機。1940年9月に初飛行を行なった。米陸軍航空隊は当初、この試作機を倉庫送りにしたが、再試験で優秀さを認めた。写真／NA

決定版！ D型誕生

マリーンエンジンを積んだムスタングはB型、C型として量産化された。そして後方視界を改善したD型に至り、大戦中最強の呼び声を高めた。写真提供／青山智樹

大見得切って作られた新型機 しかし性能は冴えなかった

１９４１年、いよいよ対日戦の火蓋が切って落とされた。ところが、米軍が最新鋭機と自負していたＰ39エアラコブラ、Ｐ40ウォーホークでは、零戦相手にまったく歯が立たなかった。

緒戦の劣勢を受け、米軍は各メーカーに、零戦に対抗しうる新型機を求める。そこで、

「我が社は日本機に対抗する新型機を提供できる」

と大見得を切ったのが、ノースアメリカン社である。同社はわずか2週間で新型機「ムスタング」の設計を終え、初飛行を成功させた。

しかし、初期型のムスタングはどうにも冴えない。低高度ではウォーホークを上回る高性能を示したが、高々度での性能が不足していた。機体重量が増大しているのに、エンジンはウォーホークと同じ、アリソンエンジン社製の液冷エンジン（Ｖ‐１７１０）のままなのである。これでは性能が上向くはずがない。

それでも、ウォーホークと同等の性能をもつ戦闘機の生産ラインを閉じるのは不合理である。そこで、完成した機体はＡ36アパッチ急降下爆撃機として使用されたり、イギリスに貸与されたりした。

ただし、最初からイギリスを援助する機体として計画されたとの説もある。

第2次大戦中、最優秀との呼び声も高い名戦闘機！ P51ムスタング

あらゆる性能が高いレベルに達していたムスタングは、太平洋と欧州の両戦線で幅広く活躍した。太平洋方面では日本軍機を数多く落とし、制空権を確保。本土への戦略爆撃を可能にした。欧州でも1944年3月のドイツ空爆などに参加し、重爆撃機を護衛した。終戦後、1950年の朝鮮戦争でも対地攻撃機として活躍した。

発動機／1,490馬力1基　最大航続力／2,410km　最大速／約700km/h　上昇限度／12,770m　全幅／11.28m　全長／9.83m　全高／3.71m　翼面積／21.9㎡　自重／3271kg　全備重量／4640kg　武装／12.7㎜航空機銃6丁　227kg爆弾2個、またはロケット弾6〜10発

最強の名機誕生のきっかけは偶然のエンジン換装だった

貸与先のイギリスで、初期型ムスタングに思いがけない変化が起きた。整備の必要性からか、エンジンを高々度性能の優れたロールス・ロイス社製のマリーンエンジンに換装したところ、とてつもない高性能機に変貌したのである。

早速イギリスはマリーンエンジンをアメリカに輸出した。さらにアメリカ側もライセンスを取得して「パッカード・マリーン」としてムスタング用エンジンの生産を開始した。

さらに、当初は4丁だった機銃を外翼に6丁搭載して増強し、レイザーバックキャノピー（後ろにスライドして開く風防窓）をバブルキャノピー（視界が広い涙滴型の風防窓）に交換した。

こうして完成したのが、決定版のD型である。

イギリス軍のスピットファイアでは、どう頑張っても胴体下のドロップタンク（不要になったら投下できる外部燃料タンク）しか搭載できなかった。ところがムスタングは主翼下に2つのドロップタンクを取りつけただけでなく、主翼内に1つ、胴体内にも2つの燃料タンクを設け、膨大な燃料を搭載した。

ムスタングによって、連合国軍は初めて大型爆撃機に同行できる護衛戦闘機を手に入れたのである。

零戦相手の空中戦では機動性が不充分だった

ムスタングは第2次世界大戦中、最も優秀な戦闘機との呼び声も高い。しかし、欠点もあった。

胴体後部のタンクに燃料を満載すると重心位置が狂って、戦闘行動ができなかったのである。

零戦22型の場合、主翼内にタンクを増設したので空中戦に問題はなかった。それに対してムスタングは逃げるか、燃料を捨てるかしかなかったのである。

また、低空に降りるとマリーンエンジンのパワーが低下した。

高度４０００メートルでは２０００馬力を発揮するものの、海面高度では１６５０馬力しかない。これで零戦の倍の機体重量があるのだから、低高度で両者が戦闘に入ると、ムスタングは逃げることすらままならなかった。

短期間で設計されたため、ムスタングの設計は非常に粗かった。細部の仕様を変更したH型が登場したのは戦後のことで、活躍の場面は極端に少なかった。

ムスタングは操縦しやすい機体だったという。戦中戦後、捕獲したムスタングを操縦した日本のパイロットは、低速から高速まで効きの良い素直な操縦感覚を絶賛している。素直さは零戦並みだったという。ムスタングは多数作られたので、今もエアショーなどで見ることができる。

零戦に翻弄され良いところなしの米軍が反攻に出る
日本をおびやかした米軍爆撃機

日本も原型を輸入して開発の参考にした急降下爆撃機
SBDドーントレス

急降下爆撃

米海軍が撮影した、ドーントレスが1000ポンド爆弾を投下する瞬間の写真。なお、SBDの「SB」は「偵察爆撃機」の略で、Dはダグラス社を意味する。写真／USN

新型空母「ヨークタウン」や「エンタープライズ」に艦載する急降下爆撃機として開発された。偵察や戦闘機の援護にも回れるオールラウンダー。発動機／1,000馬力1基　最大航続力／2,165km　最大速／約405km/h　武装／12.7mm航空機銃2丁、7.7mm航空機銃2丁、爆弾最大454kg搭載可能

航空の父ミッチェルの名を持つ中型爆撃機
B25ミッチェル

双発（エンジンを2つ持つ）爆撃機。大出力ながら新人パイロットでも難なく飛ばせる操作性の良さが特徴（反対に、本機と競作になったマーチン社のB26は癖が強く扱いにくかった）。ロケット弾などを装備して低空襲撃機としても活用された。発動機／1,850馬力2基　最大航続力／2,173km　最大速／約438km/h　武装／12.7mm航空機銃12丁、爆弾最大1360kgまたは5インチロケット弾8発

名前の由来

愛称は「アメリカ軍事航空の父」と呼ばれた陸軍准将ウィリアム・ミッチェルから取られた。彼は第一次大戦後、空軍の創設を主張したが除隊された。

ミッドウェー海戦で日本を敗北に追い込んだ爆撃機

米海軍初期の急降下爆撃機・ダグラス社製SBDドーントレスは、日本にとってミッドウェー海戦で4空母を失うことになった元凶である。

1000ポンド爆弾を搭載でき、速力など総合性能において日本の九九式艦上爆撃機より優れていた。

それでも、太平洋戦争中期には性能不足であるとして、カーチス社の爆撃機SB2Cヘルダイバーに交替する予定であったが、その開発が遅れ、完成した機体も不具合を頻発させたため、ドーントレスは予定以上に活躍した。アメリカ海軍には「ヘルダイバーが予定通り就役していれば、太平洋戦線は危なかったかもしれない」と唱える者までおり、ドーントレスの優位性を示している。

ドーントレスがミッドウェー海戦で活躍できたのは運が良かっただけであるという説もある。零戦が雷撃機を相手にしていて、上空からやってきたドーントレスに気づかなかったというのである。日本側の戦闘機が上空に待機していたら、どうなっていたか判らない。

実際、ミッドウェーで米軍はほぼ全ての雷撃機を損失しており、日本側にも魚雷を受けた記録はない。米軍雷撃機の劣性能はともかく、零戦がいかに有効に雷撃機を排除したかの証拠でもある。

真珠湾攻撃の翌年、米軍の爆撃機が東京を襲った

ドゥーリトル空襲の全貌 なぜ零戦は爆撃を防げなかったのか

発艦するB25

空母「ホーネット」から発艦するドゥーリトル隊のB25。他に空母「エンタープライズ」なども参戦し、日本を襲ったB25は合計16機となった。しかし16機とも損失し、戦死者も1名出ている。 写真／USN

ドゥーリトル爆撃隊が撮影した横須賀軍港。ここから飛び立った3機の零戦は、その日に試験飛行をしていた日本軍の双発機2機とB25を見間違えた。写真／USAF

指揮官 ジム・ドゥーリットル

1930年まで陸軍航空隊に所属し、1940年に現役復帰した。民間パイロット時代は企業がスポンサーにつき、数々のレースを制する冒険家だったという異色の経歴の持ち主。東京空襲の軍功で准将となり、北アフリカ戦線の司令官となった。写真／USAF

B25による初の東京爆撃 零戦は敵の機影を視認していた

ノースアメリカン社製B25ミッチェルは、米軍の代表的な双発中型爆撃機である。「双発」とは、2個のエンジンを備えた機体のこと。「中型」とはいうものの、日本海軍の一式陸上攻撃機などよりかなり小さく、航続距離も短い。代わりに爆弾搭載量は大きく、まったく性格の異なる爆撃機である。また、日本陸軍には九九式双発軽爆撃機があるが、こちらは急降下爆撃が専門で、やはり使用法は違う。

B25ミッチェルを有名にしたのは、1942年の東京空襲であろう。それまで米軍はまったく良いところなしだった。持てる戦力で国民にアピールできる戦果を得たい。そこで立案されたのが「トーキョーライド」だった。陸軍機を海軍の空母に乗せて日本を爆撃したのち、中国大陸に脱出しようという計画である。

当時、海軍機の着艦訓練は、地上に空母の絵を描いて行なわれていた。米陸軍のドゥーリットル中佐は、この空母の絵を見て爆撃計画を発案したとされる。

日本側でもかねてから爆撃を警戒していた。日本列島の東側には島が少なく、監視のためにマグロ遠洋漁船を改造した哨戒艇を常駐させていた。

ハルゼー率いる機動部隊は、この哨戒艇を撃沈した。事件はたちまち連合艦隊の知るところとなり、日本側も防備態勢を整え始める。しかし日本側は「米軍の攻撃は翌日になるだろう」と踏み、即時発進させたのは旧式の九五式艦上戦闘機だけだった。アメリカは警戒が手薄になる夜間の爆撃を計画していたが、日本の対応を見るとその予定を繰り上げて、即時、16機のB25を発進させた。

連合艦隊司令部は敵艦隊を追撃する命令を出したが、機動部隊はすでに反転しており、捕捉できなかった。

各飛行隊の判断で迎撃機を上げたものもあるが、情報の遅れから会敵できた戦闘機はなかった。アメリカ側の記録には「零戦らしき機体を視認した」とある。これは横須賀飛行隊から出撃した機体だと考えられる。だが、横須賀にも充分に敵機の情報は伝わっていなかった。結局、零戦はB25を視認したにもかかわらず、味方機と認識して取り逃がしている。

B25は主に軍事施設を目標としていたが、混乱していたのは米軍機のパイロットたちも同じで、一般家屋や病院を爆撃し、中学校を銃撃している。中国へ逃げたB25は全機が損失。ウラジオストックへ逃げた乗員もソビエトに抑留された。一部の乗員は日本軍の捕虜となり、国際法違反で処刑されている。

被害は小さかったものの、日本が受けた心理的動揺は大きかった。マレーから新型戦闘機を呼び戻し、東方における防備の充実を図った。そして、ミッドウェー作戦の実施に結びつくのである。

零戦が体当たりも敢行した巨大な敵

空襲、原爆投下を行なったB29の脅威

日本を震撼させた大型長距離爆撃機 B29スーパーフォートレス

主に日本を標的に爆撃を行なった。フォートレス、つまり空を飛ぶ「要塞」と呼称された。発動機／2,220馬力4基　最大航続力／9,380㎞　最大速／約587㎞/h　武装／12.7㎜連装4丁、12.7㎜航空機銃2丁、20㎜航空機銃1丁、爆弾最大9072kg搭載可能

爆弾倉内部
アメリカ空軍博物館に展示されているもの。爆弾は9t搭載可能で、全備自重は50t近くになった。写真提供／青山智樹

米軍の脅威の象徴B29 実は事故が多かった

B29といえば、日本の工業力にとどめを刺して、連合国軍を勝利に導いた大型戦略爆撃機として有名である。ボーイング社製で、通称は「スーパーフォートレス」だった。

初期の戦略爆撃機は、ヨーロッパ戦線の情勢から採用されたボーイング社製のB17フライングフォートレスである。B17は頑健ではあったが、速度も遅く、航続距離も短い。そこで、広大な太平洋戦線で使用するための爆撃機が必要だった。

ボーイング社ではB17をベースに、シングルターボからツインターボに交換した。排気を利用してエンジンに空気を送るターボチャージャーの数を、1つから2つに増やしたのである。さらに、圧縮されて温度の上がった空気を冷やすインタークーラーも付属させた。

またエンジンも、カーチス・ライト社製の複列星形エンジンとした。当時、最も大出力を誇ったエンジンである。

ところが、こうして完成した試作機XB29は、飛行中に火災を起こしてあっさりと墜落してしまった。

様々な困難がありながら、B29は中国四川省から北九州八幡製作所の爆撃を強行した。これがB29による日本初爆撃となった。ところがこの攻撃でも10%を損耗し、とても使いものにならなかった。

B29による日本本土爆撃 零戦もB29に応戦した

マリアナ沖海戦、サイパン島の戦いなどで大敗を喫した日本は、ついに「絶対国防圏」を破られた。すると1944年以降、米軍のB29はグアム、サイパン、テニアンといったマリアナ諸島を基地として、日本本土を襲うようになった。

これに対し、日本側でも武装、装甲を強化した零戦52型を投入した。

本来であれば、斜め後ろ上方からの攻撃が常道である。ところが、すでに零戦ではB29の速度性能や高々度性能が追いつかなくなっていた。零戦52型の最高速度は時速約565キロであるが、B29は約3倍の大きさでありながら、時速約587キロを出したという。

そこで零戦は、B29の前方に待機して、すれ違いざまに機銃弾を叩き込む戦法を取った。衝突の危険もある危険な攻撃法であったが、銃弾が命中すれば、敵機の速度が銃弾の発射速度に加味されるため、高い確率でB29を撃破することができた。

B29は高速、高々度が特徴であるが、爆弾を多く積み燃料も満載していると、動きは鈍重になる。カタログスペックでは、零戦より飛行高度が低かった。すると、直接ぶつけてやる方法が採れる。すなわち特攻である。海軍では組織的な空対空特攻はわずかではあったが、突発的に実施される例も見られた。

プロペラに代わる革命的な動力の開発に成功!
アメリカ念願のジェット機開発秘話

米軍初の実用ジェット戦闘機
P80シューティングスター

最高速を出せる高度6096mに至るまで9分かかるという上昇性能を除けば、陸軍の要求に概ね応える性能を持ち合わせていた。1944年4月から終戦まで3500機が発注されたが、ついに大戦中、実戦で使われることはなかった。戦後、朝鮮戦争に参加した。最大航続力/2,250km　最大速/約850km/h

高々度性能
低高度性能
旋回性能
攻撃力
航続力
武装

WIN
VS.
LOSE

ドイツのほうが先に実現していた!?
メッサーシュミットMe262

ドイツが開発した世界発のジェット戦闘機。当初はBMW社製のエンジンが搭載される予定だったが、開発が難航し、代わりにユンカース社製のJumo004を2機、両翼下につり下げた。しかしトラブルが相次ぎ、パーツ不足もあって、配備されたのは1944年秋だった。最大航続力/845km　最大速/約870km/h

高々度性能
低高度性能
翼面荷重
攻撃力
航続力
武装

パイロット

零戦キラー、死す!
リチャード・ボング

日本軍機を相手に全米軍内で最高の40機撃墜を果たした陸軍のトップ・エース。愛機は婚約者の顔を機首に描いたP-38ライトニング。ところが終戦直前の1945年8月6日、シューティングスターのテスト飛行中、墜落事故で死亡した。写真/USAF

高度な技術が必要なジェット機実現したのは終戦間近だった

ロッキード社製P80シューティングスターは、アメリカで初めて実用化された画期的なジェット戦闘機である。

プロペラ戦闘機はガソリンエンジンでプロペラを回して、掻きだした空気で推進させていた。対してジェット機は、筒の中に前方から取り込んだ空気を圧縮して、これを燃焼室に送り込み、噴気で推進する方法である。

ジェット機はプロペラ機よりはるかに高性能であり、燃料も安価な灯油で充分だった。その代わり、高熱に耐える素材と高い工作技術が必要で、燃費が悪く加速性も著しく悪い。異物を吸い込むと破壊されるため、舗装された滑走路が必要で、高温にさらされるため頻繁なメンテナンスが必要であった。

ジェット機については、ドイツでは1939年から研究が進められていた。追随したアメリカは、奇しくも終戦の1945年ごろ実用化の域に達した。これがシューティングスターである。

1948年、新設された空軍に移管され、ナンバーもF-80に変わり、直後に勃発した朝鮮戦争に投入された。戦闘機としては今ひとつだったが、初期ジェット機としては非常に出来の良い飛行機であった。のちに武装を外すなどして、中間練習機T33として各国で使用された。

ロールス・ロイスの名エンジンを積んで改良を重ねる

20度以上も改良したイギリス空軍戦闘機

傑作エンジンを載せたエリート戦闘機 スピットファイア（前期型）

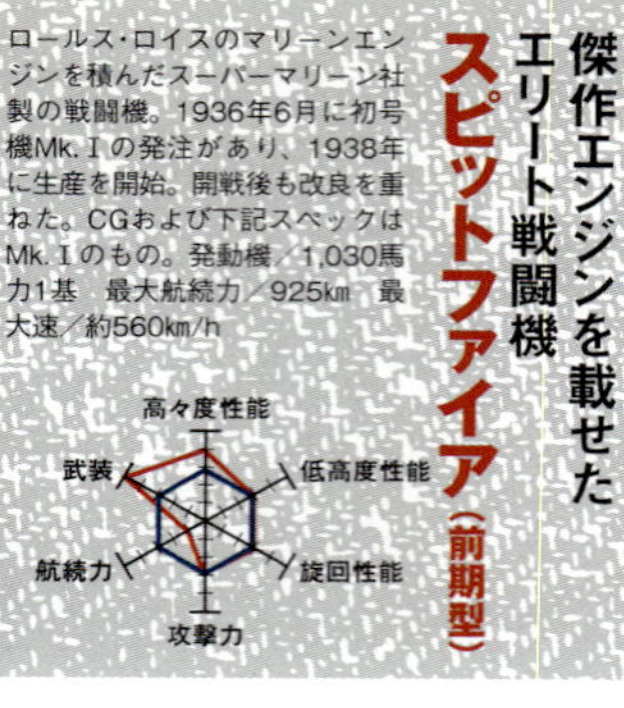

ロールス・ロイスのマリーンエンジンを積んだスーパーマリーン社製の戦闘機。1936年6月に初号機Mk.Ⅰの発注があり、1938年に生産を開始。開戦後も改良を重ねた。CGおよび下記スペックはMk.Ⅰのもの。発動機／1,030馬力1基　最大航続力／925㎞　最大速／約560㎞/h

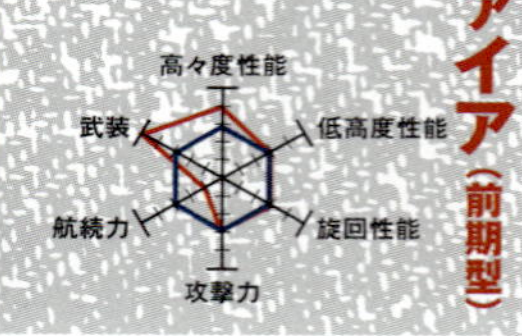

新型エンジンで大馬力化したスピットファイア（後期型）

Mk.Ⅸは最良のスピットファイアと讃えられ、ドイツ製の高性能な新型機に対抗した。そして同時期に開発されたMk.Ⅻより、さらに大出力のグリフォンエンジンを搭載するようになった。CGおよび下記スペックはMk.Ⅸのもの。発動機／1,720馬力1基　最大航続力／約700㎞　最大速／約654㎞/h

グリフォンエンジン

2050馬力（65型）を誇るロールス・ロイス社の新型エンジン。マリーンエンジンと形状がほとんど変わらず、スピットファイア自体の設計の確かさもあって、簡単に換装できた。しかし急激な馬力の上昇にパイロットたちは戸惑い、事故も多発したという。

坂井三郎も撃墜した英軍機 戦争末期にも零戦と戦う

イギリスの救世主と呼ばれる傑作戦闘機、スピットファイア。ドイツ軍による大攻勢、いわゆる「バトル・オブ・ブリテン」で、独軍の戦闘機メッサーシュミットと戦い、守りきった機体である。

試作機の初飛行は1934年と非常に古い。この機体に様々な改造を加えて、最終的にはまったく別物の戦闘機となった。

最初期型は木製2枚プロペラで第1次大戦機並みであった。1939年にはかろうじて近代的な戦闘機の姿となる。

ニューギニア、ビルマ戦線に投入されて日本軍と初の対決となる。しかし初期型は零戦の敵ではなかった。「今度の敵は性能が良いが、落としてみてからスピットファイアだった」と坂井三郎著『大空のサムライ』にも記録が残っている。

スピットファイアは24型まで改良を重ねたが、大きな変化はエンジンである。ロールス・ロイス社のマリーンエンジンを積んだタイプと、同社のグリフォンエンジンを採用したタイプに大別できる。

後期型スピットファイアと零戦の交戦は、太平洋戦争後期に発生している。ビルマ戦線は陸軍の範囲であり、零戦の登場場面は限られていた。ところがドイツが降伏すると、イギリスは政治的理由から空母を太平洋戦線に投入し、防空の零戦隊と空中戦を演じている。

零戦の死闘10 語り継がれる

初陣・重慶の戦いから、
米英軍を震撼させた空中戦、
そして神風特攻隊までの
激闘の歴史を追う

「ゼロファイターと
一騎打ちしてはならない！」
連合軍の誇る名機を次々と
撃ち落とし、
大空を自在に翔けた零戦は、
まさに世界最強の戦闘機だった。
中国戦線でのデビューから
終戦まで、日本の運命を託され、
常に最前線で戦い抜いた零戦の
記憶に刻まれる激闘と
その凄絶な運命を追う！

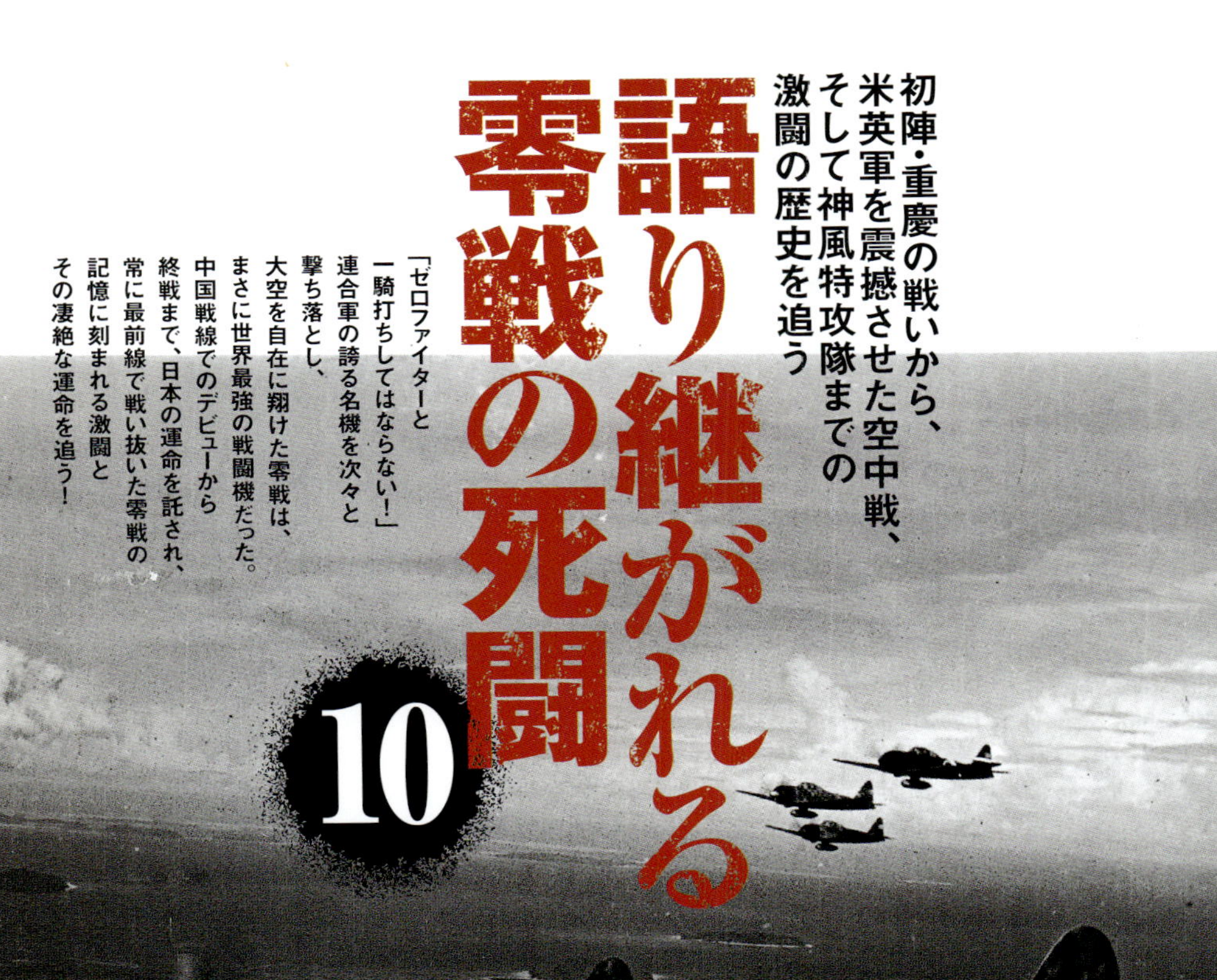

オロ湾に向かう零戦
編隊を組んで出撃する、第251海軍航空隊の零戦22型。昭和18年5月ソロモン諸島上空にて。（撮影／吉田一、写真提供／雑誌『丸』）

監修・執筆／**松田十刻**
まつだじゅっこく／昭和30年、盛岡市生まれ。新聞記者やフリーライターなどを経て、執筆活動に入る。主著に『山口多門』（光人社NF文庫）、『紫電改よ、永遠なれ』（新人物文庫）、『撃墜王 坂井三郎』『東郷平八郎と秋山真之』（PHP文庫）、『原敬の180日間世界一周』（もりおか文庫）など多数。

零戦の主な出来事

昭和14年（1939）		テスト飛行開始
昭和15年（1940）	7月24日	海軍が制式採用し、零式艦上戦闘機と命名
	8月19日	初出撃
	9月13日	初の交戦（重慶上空戦）
昭和16年（1941）	12月8日	真珠湾奇襲攻撃に参加
	12月8日	フィリピン渡洋攻撃に参加 10日、B17を初撃墜
昭和17年（1942）	2月19日	ダーウィン攻撃に参加 翌年11月まで出撃する
	6月5日	ミッドウェー海戦に参加
	7月10日	古賀忠義一飛曹の零戦が米軍に回収される
	8月7日	ガダルカナル島攻防戦に参加
昭和18年（1943）	4月18日	山本五十六長官護衛に参加
昭和19年（1944）	6月19日	マリアナ沖海戦に参加
	6月～終戦	日本本土にて米軍と交戦
	10月21日	神風特攻が始まる

地図・イラスト制作／アトリエ・プラン

死闘1 重慶上空の戦い

1940年9月13日

重慶に向かう零戦

昭和15年、中国上空を飛行する第12航空隊の零戦11型。11型は、最高傑作とされる21型と同機種。主翼を折り畳めないが、性能は21型とほぼ同じ。（写真提供／近現代フォトライブラリー）

全敵機を撃墜し、被害ゼロ！初陣で驚異の空戦能力をみせる

重慶上空の戦い

9月13日8時30分。漢口を出発。宜昌で給油後、重慶へ

9月13日13時半。敵機発見の報を受け、帰投態勢から、反転し、再び重慶へ

9月13日14時。イ15、16戦闘機全27機を撃墜。零戦は被害なし

漢口

宜昌

長江

重慶

0 200km

「とにかく新型戦闘機を！」要請を受け、試作機のまま戦線へ

日本海軍が世界に誇った零戦（ゼロせん）は、日中戦争の戦訓から生まれた。

昭和12年（1937）7月7日、日中両軍は北京（当時は北平）郊外の盧溝橋で交戦、8月の第二次上海事変で全面戦争となった。蒋介石主席率いる国民政府は首府を南京から内陸部の漢口、さらに奥地の重慶に移して抗戦した。

日本軍は漢口に進出すると、陸海軍による重慶空爆に踏みきった。海軍基地からは、双発の96式陸上攻撃機（陸攻・中攻）の大編隊が往復2000キロの長距離を飛行し、重慶を空爆した。

陸攻隊を掩護する96式艦上戦闘機（艦戦）は金属製の単葉機で格闘性能に優れていたが、航続距離が短く重慶の手前で引き返さなくてはならない。護衛のいない陸攻は敵戦闘機の餌食となった。

「一刻も早く、航続距離のある新型戦闘機を前線へ送って欲しい」

漢口基地からの要請に応え、大本営海軍部では試作機を前線に投入するという前代未聞の決断をくだした。

昭和15年7月初旬、漢口基地の第12航空隊の進藤三郎大尉は、新型戦闘機を受領するために、数名の搭乗員を率いて横須賀航空隊へやってきた。

新型戦闘機は12試艦上戦闘機と呼ばれていた。機体はスマートで、飛行中は両脚を翼のなかに引き込むことができる。

「これはいい飛行機だ」

新型戦闘機と対面するなり進藤大尉や隊員は一目で惚れ込んだ。

12試艦戦の計画要求仕様が正式に海軍から三菱重工業（三菱）と中島飛行機（中島）に提示されたのは、第二次上海事変

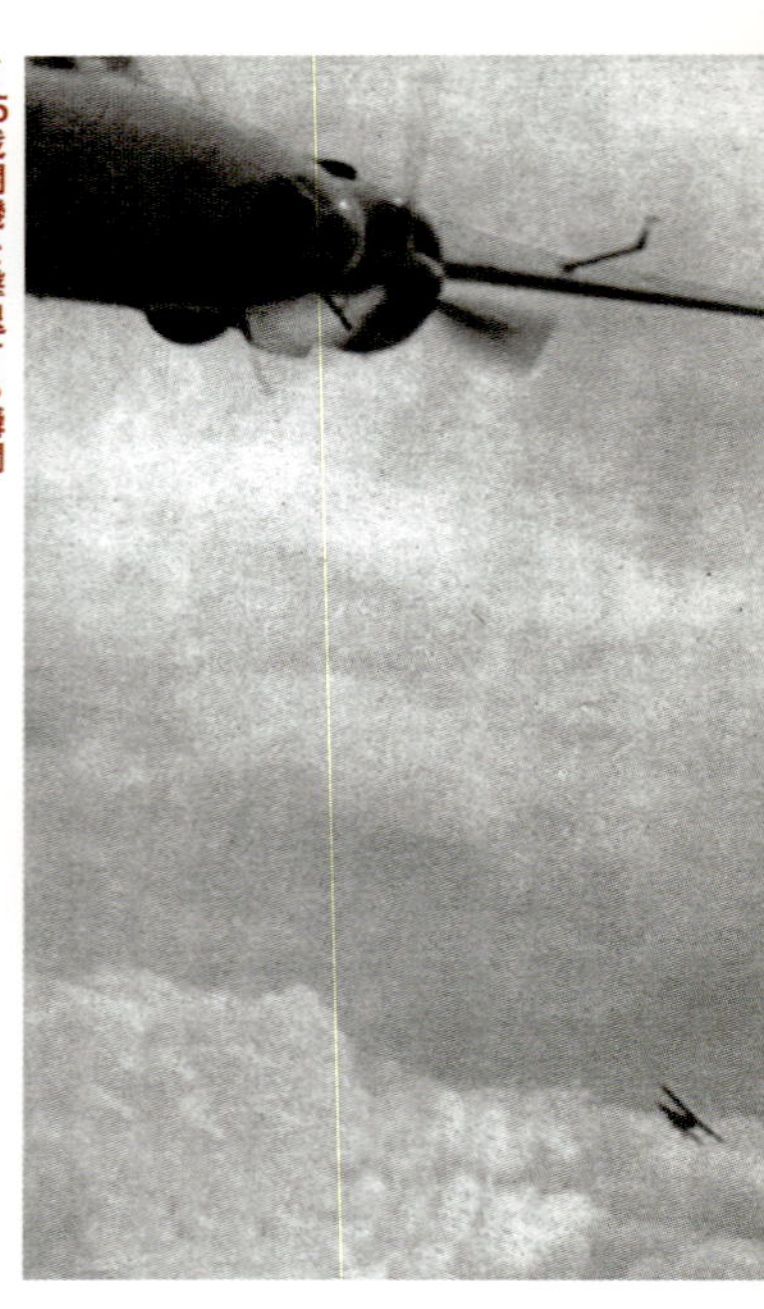

イ15戦闘機を撃退する瞬間
右下に見えるのが、陸軍の爆撃機に撃退される中国軍のイ15戦闘機。戦闘中の同機を初めて写したものとされる。昭和15年7月撮影。（写真提供／近現代フォトライブラリー）

重慶爆撃に向かう96式陸上攻撃機
零戦配備以前、96式陸上攻撃機の援護には96式艦上戦闘機がついていた。しかし、航続距離が短く十分な護衛ができなかった。膠着していた日中戦争は、零戦の投入によって一変する。（写真提供／毎日新聞社）

後の昭和12年10月だった。

主な条件は「最大速度は500キロ以上、上昇力は高度3000メートルまで2・5分以内、航続距離は増槽（投下式燃料タンク）付で6時間以上、空戦性能は96式艦戦に劣らぬこと、武装は20ミリと7・7ミリ機銃2挺ずつ」と、当時の常識を打ち破る高度な要求だった。

96式艦戦の生みの親でもある三菱の堀越二郎技師はこれらの要求を満たすための計画説明書を作成した。最初の試作機は昭和14年4月からテスト飛行が行われ、3番目の試作機には中島の「栄」エンジンが搭載された。

昭和15年初夏、横須賀航空隊で開かれた12試艦戦の講習会には、のちに撃墜王と呼ばれる坂井三郎も九州の大村航空隊から駆けつけて参加している。

進藤の隊は慣熟飛行が必要だったことから、横須賀航空隊で訓練を重ねてきた横山保大尉以下6機が先行し、7月21日に漢口に進出、第12航空隊の一員となった（文献により日時は異なる）。

3日後の24日、海軍は12試艦戦を制式採用した。この年は皇紀2600年（皇紀は神武天皇即位の年を元年とした暦）にあたることから、末尾の「0」を採り、零式艦上戦闘機と命名された。最初の機種は「A6M2」（Aは艦戦、6は開発順番、Mは三菱、2は2型）。空母内での収容を考えて主翼を折り畳める21型と折り畳めない11型とある。漢口に配備されたのは11型であった。

7月中には、進藤大尉率いる零戦隊も漢口にやってきた。

漢口基地には第一連合航空隊（司令官・山口多聞少将）、第二連合航空隊（同・大西瀧治郎少将）が進出し、重慶への猛爆をくり返していた。山口や大西は直ちに出撃するように要請した。

だが、零戦にはエンジン不良や引込脚の不具合などのトラブルが多かった。隊員は航空技術廠から派遣された技術将校と共に問題解決に努めた。この間にも陸攻が撃墜されている。業を煮やした司令部は、

「何をぐずぐずしておる。一刻も早く出撃せよ！」

と矢の催促をした。

8月19日、零戦の初出撃の時が来た。横山大尉と進藤大尉を含む13機は、支那方面艦隊司令長官の嶋田繁太郎中将直々の見送りを受けて離陸した。途中、宜昌の基地で燃料を補給したが、1機が着陸に失敗して使用不能となった。

12機は宜昌を離陸し、上空で落ち合った陸攻隊54機を護衛して重慶上空に達した。だが、中国空軍は迎撃してこない。2日目も敵機は姿を現さなかった。悪天候続きのため3度目の出撃は9月12日。この日も会敵しなかったが、偵察機からの報告で敵機は零戦隊が去ったあとに離陸していることがわかった。

司令部での作戦会議で、翌日はいった

ん引き返したように見せかけて敵機をおびきだすことにした。

翌13日午前8時30分、進藤大尉指揮の13機が漢口を出撃。宜昌で燃料補給して正午に離陸、陸攻隊と合流した。午後1時半過ぎ、爆撃を終えて帰投する陸攻隊と共に零戦隊も機首を返した。まもなく進藤大尉は偵察機から、

「重慶上空に敵戦闘機」

との電信を受けた。

「してやったり。よし、行くぞ!」

進藤大尉は反転した。あとに続いた隊員は零戦の初陣とあって、気持ちを高ぶらせながら重慶上空をめざした。

午後2時、高度5000メートルで敵戦闘機の編隊約30機を確認。機種はソ連製の複葉機イ15（ポリカルポフI-15）と、低翼単葉機のイ16（同16）である。イ16は一時、世界最速の戦闘機として名を馳せたが、もはや速度や格闘能力、武装すべてで勝る零戦の相手ではない。たとえ倍以上の敵機だろうと臆するところはなかった。

進藤大尉は列機を率いイ16の編隊に向かった。右手で操縦桿を握ったまま、左手で車のアクセルにあたるスロットルレバーを前方へ倒して速度をあげた。

イ16の編隊が目前に迫る。先頭の指揮官機を狙ってスロットルレバーに付いた機銃の引金を引こうとしたが、スピードが出すぎて射撃のチャンスを逸してしまった。後続機がその機に20ミリ弾を放ち、あっという間に撃墜した。

出撃直前のパイロットたち　重慶爆撃へ出発する直前、隊長から訓示を受ける搭乗員。上・漢口基地にて。（写真提供／近現代フォトライブラリー）

白根斐夫中尉を含む6機も空戦に加わり、左に旋回して逃げようとする敵機に狙いを定め、攻撃を加えた。1撃目で7機ほどがこなごなに空中爆発したり、黒煙を吐いたりして墜ちてゆく。

「さすがに20ミリの威力は違う!」

零戦の搭乗員でさえ舌を巻いた。このときの中国空軍の搭乗員は実戦経験が豊富であり、巧みな操縦で反撃を試みたが、零戦には歯が立たない。たちまち背後に回られ、撃墜されていった。30分ほどで重慶上空から敵影が消えた。

零戦のほとんどは弾丸を撃ちつくしている。零戦隊は重慶上空を去り、午後4時過ぎ、全機が宜昌に着陸した。ただし、高塚寅一（一空曹）の搭乗機が引込脚のトラブルで転覆し、大破した。ほかの機体の胴体にもぐりこんだ高塚を含め全員が漢口基地に凱旋すると、総員が歓呼の声で出迎え、圧勝を祝した。

新聞各紙はこぞって「重慶で大空中戦27機全機撃墜」などと報じ、零戦隊を賛美した。

なお、中国側の記録ではこの空戦に参加した戦闘機は33機、13機が撃墜され11機が損傷している。

これ以降、中国軍は零戦との対決を避け、ゲリラ的に基地などを襲撃する戦法をとるようになる。

華々しいデビューを飾った零戦は、この日から栄光と苦難の道を歩む。

死闘2 真珠湾奇襲攻撃

1941年12月8日

「ワレ、奇襲に成功セリ！」米海軍の太平洋艦隊を壊滅させる

米戦艦「アリゾナ」撃沈！零戦隊、真珠湾を急襲する

フォード島への進撃ルート

12月8日午前3時19分、突撃。艦爆隊は二手に分かれ、ホイラー飛行場とフォード島を襲撃

第1次攻撃隊

第2次攻撃隊

午前4時20分、真珠湾突入。カネオヘ基地などを攻撃する

オアフ島

太平洋

ホイラー飛行場

フォード島

カネオヘ飛行場

0 20km

南雲忠一中将ほか各艦隊司令長官

前列右から２人目が南雲忠一中将。前列左から３番目には山本五十六長官。（写真提供／山本五十六記念館）

日中戦争が泥沼化するなか、中国からの撤兵などを求めるアメリカとの外交交渉は暗礁に乗りあげた。

昭和16年（1941）11月26日午前6時、千島列島の択捉島単冠湾に集結していた機動部隊（司令長官・南雲忠一中将）30隻は錨をあげ、ハワイへ向けて進発した。

機動部隊は旗艦赤城、加賀（第1航空戦隊）、蒼龍、飛龍（第2航空戦隊）、瑞鶴、翔鶴（第5航空戦隊）の6空母を主力に戦艦比叡、霧島、重巡洋艦利根、筑摩、軽巡洋艦、駆逐艦などから成る。第1航空戦隊は南雲が直率、第2は司令官・山口多聞少将、第5は司令官・原忠一少将が率いた。

北太平洋の荒波を進む機動部隊は無線封鎖をして東進、12月4日早朝、ハワイのある南南東へ変針した。2日前には広島湾柱島泊地の連合艦隊（司令長官・山本五十六大将）旗艦長門から打電された「ニイタカヤマノボレ」の暗号電文により、「開戦は8日、予定通り行動せよ」と命じられていた。

8日午前1時（ホノルル時間7日午前

空母「瑞鶴」から離艦直前の艦上機

第1航空艦隊の空母6隻からは、零戦をはじめ計183機が発艦した。(写真提供/近現代フォトライブラリー)

空母「赤城」から飛び立つ零戦

太平洋戦争開戦。軍艦旗がはためく艦上で、真珠湾へ出撃の時を待つ。(©読売新聞社/アマナイメージズ)

5時30分。以下、時間のみ)、利根と筑摩搭載の水上偵察機2機が発進し、オアフ島へ向かった。各空母の飛行甲板には格納庫からエレベーターで揚げられた艦上機がエンジンを唸らせている。

第1次攻撃隊は制空隊43機、水平爆撃隊49機、雷撃隊40機、急降下爆撃隊51機の計183機。制空隊は零戦(21型)、水平爆撃と雷撃は97式艦上攻撃機(3人乗り)、急降下爆撃は99式艦上爆撃機(2人乗り)が担う。

総指揮官は、水平爆撃隊を率いる淵田美津雄中佐(赤城)。制空隊は板谷茂少佐(同)、雷撃隊は村田重治少佐(同)、急降下爆撃隊は高橋赫一少佐(翔鶴)の各飛行隊長が指揮を執る。このうち制空隊の零戦は赤城と加賀から9機ずつ、蒼龍から8機、飛龍と瑞鶴から6機ずつ、翔鶴から5機が参加する。

艦上機が空母から発進するには艦の速度に風速を加えた合成風速毎秒13メートルが必要とされる。どの空母も26ノット(時速約48キロ)以上の高速で航行しており、いつでも発進できる。

午前1時30分(午前6時)、旗艦赤城のマストに戦闘旗が揚げられた。

「発艦!」

整備員はすばやくチョーク(車輪止)を外して退避する。エンジンをフル回転させていた機体はブレーキを外し、甲板を疾走する。攻撃隊は上空で編隊を組むと、230カイリ(約425キロ)先のオアフ島をめざした。

零戦隊は水平爆撃隊、雷撃隊、急降下爆撃隊の各編隊より500メートル上空を飛行し、周囲に目を凝らしていた。

淵田中佐は方向探知機(クルーシー)のダイヤルを回した。ハワイは日曜の朝である。ホノルル放送の軽快なジャズが耳に飛び込んできた。

アメリカ陸軍は山頂に5台のレーダーを設置していたが、1台しか稼働していない。午前2時36分(午前7時6分)、そのレーダーが大編隊を捕捉したが、通報を受けた司令部は本土からやってきたB17の編隊と思い込んだ。

アメリカ軍の迎撃を受けることなく、攻撃隊はオアフ島北端のカフカ岬に達した。予定通り同岬から右に旋回し、海岸線沿いを南西方向へ突き進む。

淵田は風防を開け、信号拳銃の引金を引いた。一発なら奇襲を意味し、雷撃隊が真っ先に真珠湾に突入する。ところが、制空隊の板谷飛行隊長は気づかない。淵田はもう1発放った。板谷はバンク(翼を振ること)し、「総攻撃!」を命じた。急降下爆撃隊は信号弾が2発あがったことから、対空砲火を覚悟しての強襲と判断し、攻撃目標へと突き進んだ。

「全機突撃!」

淵田は伝声管に向かって叫んだ。電信員の水木徳信(一飛曹)は午前3時19分(午前7時49分)、「トトト…」と電信のキーを叩いた。全機突撃を命じる略語

カネオヘ基地で自爆した飯田房太大尉

敵の対空砲火を燃料タンクに被弾した飯田大尉は、率いていた列機に母艦への帰投方向を示したのち、反転。列機に手を振ると、カネオヘ基地へ突入して自爆した。享年29。その一部始終を見届けた米軍は、勇敢な最期に感銘を受け、遺体を拾い集め、基地内に埋葬。戦後の昭和46年に、突入地点に小さな慰霊碑が建てられた(墓碑は、故郷の山口県浄真寺に建つ)。さらに、平成11年には、飯田大尉の着用していた飛行帽が、遺族の元へ返還された。現在、飯田大尉搭乗機部品と飛行帽は靖國神社に保管されている。

飯田大尉の埋葬は、大勢の兵士が見守るなか行われた。(写真提供／近現代フォトライブラリー)

のト連送である。

「ワレ奇襲ニ成功セリ！」

淵田が声を張りあげる。午前3時22分（午前7時52分）水木は歴史的な暗号「トラ・トラ・トラ」を打電した。

艦爆隊は二手に分かれ、一隊は島の中央部にあるホイラー陸軍航空基地に250キロ爆弾を浴びせた。もう一隊は真珠湾にあるフォード島海軍航空基地とヒッカム陸軍航空基地を襲撃した。

雷撃隊は真珠湾に侵入すると海面すれすれまで降下し、単縦陣で敵艦隊に肉薄した。魚雷を投下すると敵艦に激突しないように急上昇する。水平爆撃隊は上空3000メートルから800キロ徹甲爆弾を投下した。真珠湾に凄まじい爆発音が轟き、紅蓮の炎があがる。

戦艦ウエスト・ヴァージニア、オクラホマが魚雷を受けて爆発、炎上した。爆弾4発を浴びた戦艦アリゾナは火薬庫の誘爆を引き起こして大爆発し、1177人の乗組員と共に海底に没した。

零戦隊はフォード島とヒッカム航空基地、ホイラー陸軍航空基地、真珠湾西方のバーバー岬にあるバーバーポイント海軍航空基地、東岸にあるカネオへ海軍航空基地を急襲した。

このとき両翼に装備されていた20ミリ機銃は99式1号。のちの同2号より初速が遅く弾道精度も劣っていた。弾倉も7・7ミリ弾の700発に対し120発（1挺60発）しかない。空戦ではなかなか命中しないが、待機中の飛行機とあって確実に射撃を加えた。飛行機はこなごなに飛び散り、爆発する。

攻撃をまぬがれた陸軍のカーチスP36が急発進してきた。P36は近代的な単座戦闘機として開発されたが、このときにはすでに旧式になっており、零戦の敵ではない。中国戦線で戦ってきた歴戦の勇士によって次から次へと撃墜される。

零戦が制空権を握るなか、攻撃隊は約1時間の攻撃を終え、黒煙が広がる真珠湾の空を後にした。

第2次攻撃隊は午前2時45分（午前7時15分）に出撃した。機数は制空隊35機、水平爆撃隊54機、急降下爆撃隊78機の計167機。対空砲火が予想されるため雷撃隊は参加していない。

指揮官は水平爆撃隊を率いる嶋崎重和少佐（瑞鶴）。制空隊は重慶で零戦の初陣を指揮した進藤三郎大尉（赤城）、急降下爆撃隊は「艦爆の神様」の異名をもつ江草隆繁少佐（蒼龍）が指揮を執る。

第2次攻撃隊はオアフ島の東岸沖を南下し、午前4時20分（午前8時50分）、真珠湾に突入した。急降下爆撃隊は対空砲火をものともせずに戦艦や巡洋艦めがけて突っ込み、爆弾を浴びせた。

制空隊は爆撃隊を掩護する一方、カネオへ基地やベローズ基地などに攻撃を加えた。アメリカ軍飛行機の大半は地上で機銃掃射を受け、撃墜された分を含め少なくとも200機以上が破壊された。

午前5時15分（午前9時45分）、第2次攻撃隊は作戦を終え、編隊を組み直すと空母が待つ海域へと引き返した。

だが、蒼龍制空隊分隊長の飯田房太大尉はカネオへ基地上空で被弾し、燃料漏れを起こした。母艦まで帰れないと判断した飯田は帰投途中で反転した。覚悟を知った隊員は風防を開け、敬礼でもって見送る。飯田は愛機の零戦と共に同基地へ突入して自爆した。飯田に続く2番機の厚見峻（一飛曹）も燃料漏れのために後を追うように自爆した。

第2次攻撃隊が各母艦に着艦し格納庫に収容されると、第1次攻撃隊の攻撃準備はほぼ整っていた。山口司令官は赤城の南雲司令長官に「第2航空戦隊は反復攻撃の準備完了」との発光信号を送り、第3次攻撃を促したが、南雲はこれ以上の作戦続行は危険と判断した。

機動部隊の未帰還機は29機（零戦は9機）。戦死した搭乗員は55人。このうち飛龍制空隊の西開地重徳（一飛曹）はエンジン不調によりニイハウ島に不時着したが、1週間後、かくまってくれた日系2世のハラダ・ヨシオと共に島民に追い詰められ、自決する。

アメリカ太平洋艦隊は戦艦8隻（撃沈4隻、大破1隻、中破3隻）を中心に甚大な損害をこうむったが、反復攻撃がなかったことから燃料タンクや修理施設は無事だった。のちに戦艦6隻が浮揚、修理されて艦隊に復帰する。

真珠湾奇襲攻撃は日本政府の手違いで宣戦布告の後になり、アメリカ国民は「リメンバー・パールハーバー」を掲げ、日本への敵意を募らせ戦意を高める。

零戦はアメリカ軍の度肝を抜いたが、アメリカは圧倒的な工業力で強力な新型戦闘機を開発し、前線へ投入する。零戦の試練は真珠湾奇襲から始まった。

炎上、沈没する戦艦「アリゾナ」
黒煙をあげて傾くアリゾナ。日本軍の爆撃により、大爆発した同戦艦は、2日間炎上して沈没。現在も真珠湾の底に当時の状態で沈んでいる。（©CORBIS／アマナイメージズ）

死闘3 1941年12月8日 フィリピン上空戦

世界初の長距離渡洋攻撃と勝機を呼び込んだ偶然の濃霧

マッカーサー総司令官を震撼させた驚異の航続力

日本軍（大本営）は開戦と同時にハワイだけでなくフィリピンやマレー半島にも航空機による奇襲をかけ、その後の南方作戦を優位に展開しようとした。

昭和16年（1941）12月8日未明、台湾の基地航空部隊では暗闇のなかでフィリピン攻撃の準備を進めていた。

この渡洋作戦には、海軍第11航空艦隊（司令長官・塚原二四三中将）の第21、第23航空戦隊、陸軍第5飛行集団の計500機近くが参加。海軍は主としてアメリカ軍の2大航空基地があるルソン島のクラーク・フィールドとイバの両基地の壊滅をめざしていた。

渡洋作戦に参加する零戦隊は、第23空に所属する高雄基地の第3航空隊（司令・亀井凱夫大佐）と台南基地の台南航空隊（同・斎藤正久大佐）から成る。

発進時刻は午前4時、明け方に敵地を攻撃する予定だったが、搭乗員の気勢をそぐように濃霧が垂れこめ、発進時刻が変更になった。搭乗員がじりじりするなか、午前6時、指揮所からハワイ（真珠湾）奇襲作戦の成功が伝えられた。

基地は沸き返った。が、初めてハワイ作戦を知り、先を越された搭乗員の思いは複雑だった。台南空の先任搭乗員だった坂井三郎（一飛曹）も地団駄を踏んで悔しがった1人である。

「こちらはこちらの任務を遂行するだけ。機動部隊に負けてはいられない」

搭乗員は、霧が晴れるのを待った。

陸軍攻撃隊は午前6時20分過ぎから発進したが、海軍は午前9時15分以降にずれこんだ。高雄基地では午前10時ごろからイバ基地を攻撃する1式陸上攻撃機53機と、これを掩護する3空の零戦53機が出撃した。ただし零戦2機はエンジン不調などで引き返した。

この零戦隊を率いるのは、飛行隊長の横山保大尉である。横山は零戦を初めて中国・漢口基地に運んだあと、零戦を駆って戦ってきたベテランである。

クラーク基地に向かう爆撃隊は、速度の遅い96式陸攻27機が先に離陸し、1式陸攻26機がこれに続いた。午前10時45分、飛行隊長の新郷英城大尉率いる台南空の零戦34機が発進した。

台湾から攻撃目標までは片道約450カイリ（約830キロ）。当時、戦闘機がこれだけの長距離を往復し空戦まですするのは不可能に近いと思われていた。

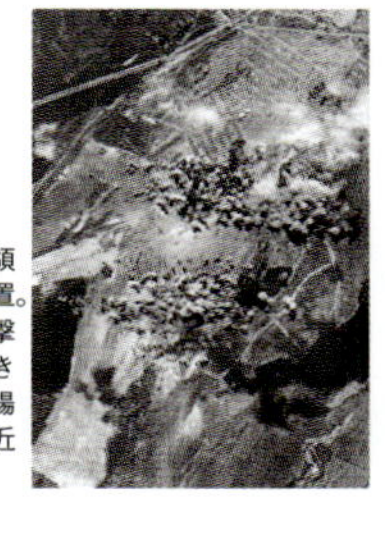

爆撃により炎上するクラーク・フィールド

日本軍はクラーク基地を占領すると、複数の飛行場を設置。のちに行われた神風特別攻撃隊の最初の発進は、このとき造られたマバラカット飛行場からだった。（写真提供／近現代フォトライブラリー）

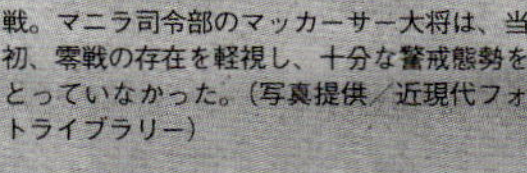

クラーク・フィールドに向かう零戦

フィリピン諸島の米飛行場攻撃へ飛び立つ零戦。マニラ司令部のマッカーサー大将は、当初、零戦の存在を軽視し、十分な警戒態勢をとっていなかった。（写真提供／近現代フォトライブラリー）

航空艦隊司令部では当初、空母3隻に戦闘機を分乗させる考えだったが、横山大尉は3空飛行長の柴田武雄中佐に「我が航空隊のほとんどは基地航空部隊（元・第12航空隊）育ちであり、空母の発着を体験していない者もいる。中国前線では漢口から重慶までの長距離をこなしている」として渡洋攻撃を訴えた。賛同した柴田は司令部に具申した。

これを受けて大編隊飛行による燃料消費試験が行われた。零戦21型の燃料搭載は増槽（投下式燃料タンク・330リットル）を加え855リットル。坂井は最少の毎時67リットルを記録した。これだと往復10時間ほどかかるフィリピンでの戦闘も十分に可能である。訓練をくり返し、ほぼ全員が毎時70リットルほどで飛行できるようになった。

フィリピンのアメリカ軍は真珠湾奇襲の電報を受け警戒態勢に入っていた。極東空軍司令官ブレリートン少将は、極東軍総司令官マッカーサー大将に台湾への報復空襲を進言したが、却下された。

午前9時、クラーク基地に、日本軍の大編隊が南下中との警報が入った。すぐに4発爆撃機ボーイングB17フライング・フォートレス（空飛ぶ要塞）35機すべてを離陸させ、戦闘機カーチスP40を迎撃のために発進させた。

この大編隊は陸軍の爆撃隊だった。爆撃隊は午前10時20分ごろ、山岳地帯のバギオなどを爆撃してUターンした。

マッカーサー総司令官はここに至って台湾爆撃を許可。上空に退避していたB17は攻撃準備のために着陸した。

戦闘機隊は陸軍のP40が4コ飛行隊72機、旧式のセバスキーP35が1コ飛行隊18機の計90機。こちらも燃料補給などのために多くが地上に降りていた。上空哨戒中の戦闘機はマニラやバターン半島方面を飛行している。

海軍の陸攻隊は濃霧のために出撃が遅れたが、それが幸いした。敵機の迎撃がないままクラーク基地上空にさしかかると、午後1時30分ごろから96式陸攻、1式陸攻の順で爆弾を投下した。たちまち紅蓮の炎や黒煙が立ちのぼる。

爆撃を終えた陸攻隊は台湾へと針路をとった。新郷大尉率いる零戦隊はしばらくのあいだ陸攻隊を護衛して飛行を続けたあと、敵機の迎撃がないと判断し、クラーク基地へ引き返した。

零戦隊は制空だけでなく空爆をまぬがれた飛行機を掃討する任務を負っている。零戦隊は高度を落とすと、低空飛行に移り、黒煙があがる飛行場へと突入した。プロペラが両翼に2つずつあるB17の機体が迫ってくる。

「これはでかい！」

誰もが息を呑んだ。B17は全長約23メートル。主翼はそれよりも長い。まるで巨大なトンボのようだった。機銃を10挺以上装備し、空飛ぶ要塞の名前に恥じない威容を誇っている。のちに日本を空爆

零戦の必殺技と多種攻撃法

米英軍が恐れた〝ドッグファイト〟をはじめ、零戦の優れた運動性能が可能にした攻撃法を解説。

零戦のB17、B29との戦い方

超大型爆撃機、B17やB29との空中戦では、敵機の大型ゆえの弱点「死角が多い、小回りが利かない」を利用した戦法が多用された。

正面攻撃法

大型機のプロペラやエンジンによる死角を狙い、斜め前方から突入。隠れながら攻撃できる。

一撃離脱法

真上から一撃した後に、真下に離脱するテクニック。急上昇し、次の攻撃に移る。撃墜王の坂井三郎や岩本徹三らが得意としていた。

戦闘機との戦い方

F4F、P40、P51、F6Fなどの機銃が前面にしか付けられていない戦闘機との空中戦は、敵機の背後に回り込んでの攻撃が有利だった。

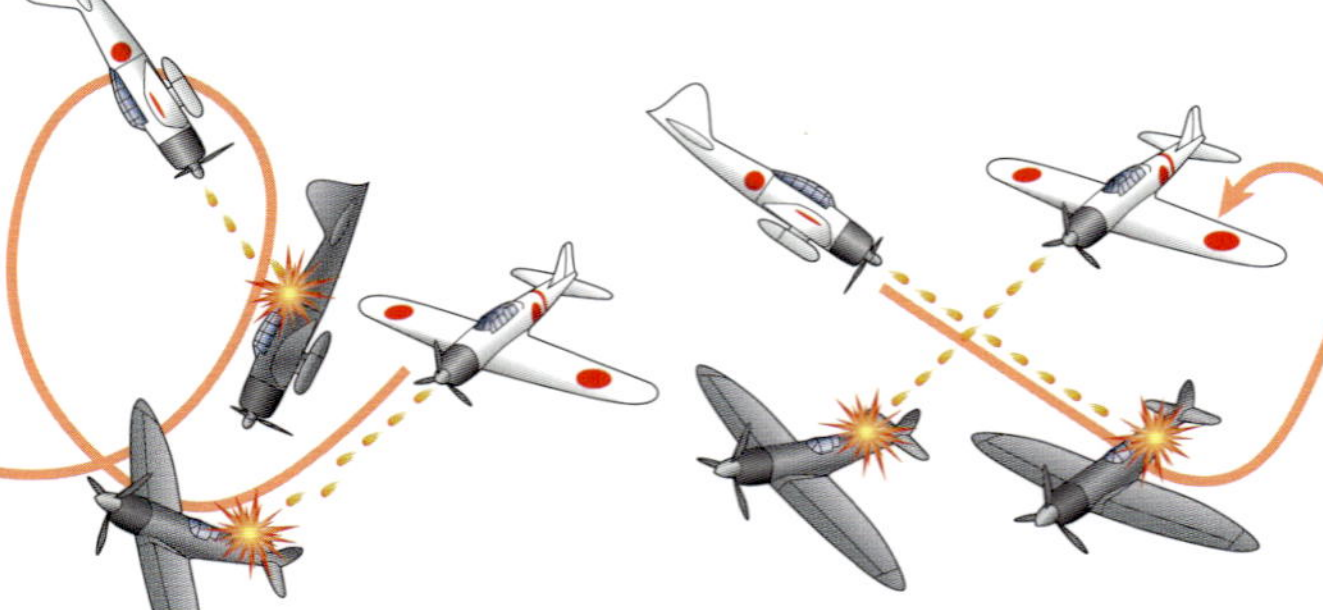

巴戦

互いの背後に回り込もうと追いかけまわす様子から、「ドッグファイト」とも呼ばれる。旋回性能の良い零戦が得意とした技。

宙返り攻撃

敵機の正面から機銃攻撃を行いながら突入。さらに敵機の上空で旋回して、背後から再び攻撃するテクニック。

するB29の前身でもある。

「こんなものに爆撃されたら、たまったものじゃない」

搭乗員は照準器で狙いを定めると、巨獣を仕留めるような気持ちで20ミリ弾を撃ち込んだ。威力のある20ミリ弾を浴びたB17は瓦解し、火を噴く。P40も機銃掃射を受けてばらばらになる。

離陸してきたP40は、上空で待ち受ける零戦によって撃墜された。P40は零戦よりも格闘性能で落ちるうえ、パイロットの練度が低かったこともあり、太刀打ちできなかった。旧式のP35に至ってはまるで歯が立たない。

新郷隊はさらにデルカメン飛行場に向かい、P40の編隊と空戦のうえ撃墜した。この日、台南空だけで9機を撃墜し、地上の飛行機約60機を撃破した。

横山隊はイバ基地上空でP40の編隊と空戦になったが、死線をかいくぐってきた勇士の活躍で十数機を撃ち落とした。地上の飛行機二十数機も撃破した。

零戦隊の損害は台南空5機、3空が2機の計7機。結果的に日本軍は濃霧によって勝機をつかみ、戦闘機としては世界初の最長距離の攻撃を成し遂げた。

開戦3日目の10日には、新郷大尉率いる零戦隊が初めて飛行中のB17を撃墜している。この時点で誰が数年後にクラーク一帯が特別攻撃隊（特攻隊）の出撃基地になると想像しただろうか……。

死闘4

ミッドウェー海戦

1942年6月5日

日本軍に爆撃を行うSBDドーントレス

急降下爆撃機や偵察機として運用されたSBDドーントレス。同機の活躍により、米海軍は苦しい戦況を逆転させた。(©Bettmann／CORBIS／アマナイメージズ)

零戦激闘するも、空母全滅！司令部の采配ミスが招いた大敗

南雲機動部隊の編制

	母艦	戦闘機(零戦)	爆撃機(99式艦爆)	雷撃機(97式艦攻)	二式艦偵
第一航空戦隊	赤城	21機	21機	21機	
	加賀	21機	21機	30機	
第二航空戦隊	飛龍	21機	21機	21機	
	蒼龍	21機	21機	21機	2機
第六航空隊		24機			

※各機種ともうち3機は補用機。六空戦闘機の搭載数は異説がある。澤地久枝著『記録 ミッドウェー海戦』(文藝春秋)より

日米参加兵力と損害

		戦力	参加	損害
日本軍	航空母艦	「赤城」「加賀」「飛龍」「蒼龍」	4	沈没4
	戦艦	「霧島」「榛名」ほか	11	
	重巡洋艦	「荒潮」ほか	10	沈没1 大破1
	軽巡洋艦	「長良」ほか	6	
	駆逐艦	「利根」「筑摩」ほか	53	中破1
	兵力	10万人		3057人
米軍	航空母艦	「ヨークタウン」「エンタープライズ」「ホーネット」	3	沈没1
	重巡洋艦	「ニューオリンズ」「ミネアポリス」ほか	7	
	軽巡洋艦	「アトランタ」	1	
	駆逐艦	「ハンマン」ほか	15	沈没1
	兵力	ミッドウェー島の航空隊		307人

「司令部は何を考えている！」山口多聞少将、怒りの奮闘

昭和17年（1942）4月18日、アメリカ陸軍の双発爆撃隊が空母ホーネットから発艦し、東京を初空襲した。

衝撃を受けた大本営は、連合艦隊司令長官の山本五十六大将が主張していたミッドウェー攻略作戦を了承。5月27日、機動部隊（司令長官・南雲忠一中将）は慌ただしく広島湾を発った。

空母はハワイ作戦の6隻に対し、旗艦赤城、加賀（第1航空戦隊）、飛龍、蒼龍（第2航空戦隊）の4隻である。

6月5日午前1時30分（日本時間）、機動部隊の攻撃隊108機はミッドウェーへ向けて出撃した。総指揮官には飛龍の友永丈市大尉が抜擢された。友永は艦攻隊を直率。零戦隊は菅波政治大尉、艦爆隊は小川正一大尉が率いた。

アメリカ軍はオーストラリアのダーウィンで引き揚げた日本海軍の潜水艦から暗号書類を入手。通信傍受と暗号解読により、ミッドウェー作戦の概要を読みとっていた。太平洋艦隊司令長官ニミッツ大将は島の対空砲火を強化し、120機以上の飛行機を送り込んだ。5月29日、空母エンタープライズとホーネットの部

ミッドウェー島

手前がイースタン島、奥はサンド島。（写真提供／近現代フォトライブラリー）

6月5日 ミッドウェー海戦の流れ

1時30分 ミッドウェーへ向けて出撃

3時30分 ミッドウェー上空で爆弾投下

4時 友永大尉が機動部隊に「第2次攻撃の要を認む」と打電

4時～ 機動部隊がB17、B26の来襲を受ける

4時15分 司令部は、待機中の攻撃隊に兵装転換を命じる。が、敵艦発見の報に再び艦船攻撃用に戻すように命令。この間、山口司令官は兵装転換に反対するが、司令部はこれを無視

6時～7時30分 断続的な戦闘

7時20分 司令部より第2次攻撃隊発艦命令。「加賀」「蒼龍」「赤城」はすでに被弾、大炎上

9時 「ヨークタウン」発見、攻撃

10時31分 第2次攻撃隊出撃。「ヨークタウン」炎上

14時 空母「飛龍」被弾し炎上

ミッドウェーに向かう日米軍の進路

隊が真珠湾を出撃。31日にはヨークタウンの部隊が本隊を追った。

攻撃隊はそのようなことを知らずにミッドウェーをめざした。

突然、前方に敵戦闘機27機の編隊が現れた。グラマンF4Fワイルドキャットが7機、残りはF2Aバッファローである。射撃を受けた艦攻2機が火を噴いて墜ちてゆく。友永機も被弾した。零戦隊は反撃に転じ、15分ほどの空戦で17機を撃墜、残りを撃退した。

発艦してから2時間後の午前3時30分（現地時間4日午前6時30分）、攻撃隊はミッドウェー上空にさしかかった。アメリカ軍はレーダーで編隊を捕捉し、すべての飛行機を離陸させていた。

「ちくしょう、読まれていたか！」

友永は唇を噛んだ。島全体が軍艦になったかのように熾烈な対空砲火が始まった。被弾した艦攻が炎を吐いて落下する。それでも攻撃隊はひるまずに爆弾を投下した。基地上空は黒煙に包まれた。

だが、友永の目には不十分に映った。友永機は無電機が故障したことから2番機に黒板で伝達し、機動部隊へ「第2次攻撃の要を認む」と打電させた。

機動部隊は午前4時過ぎ、B17と双発爆撃機B26の来襲を受けていた。B17は爆弾を投下し、B26は雷撃機として魚雷を発射する。各空母は対空射撃をしながら回避行動をとった。上空直掩の零戦はB26を次々と撃墜する。

午前4時15分、赤城司令部は発光信号で「第2次攻撃のため爆装に転換せよ」と命じた。待機攻撃隊は艦船用の徹甲爆弾や魚雷を搭載している。それを陸上攻撃用の爆弾に変えなくてはならない。

飛龍座乗の山口多聞少将は戦闘中の兵装転換を危惧し、「考慮せられたし」と赤城に発光信号で具申した。

まもなく偵察機から「敵10隻見ゆ」との報告電が入った。今度は「艦隊攻撃に兵装転換せよ」との信号が発せられた。いったん転換したものを元にもどすのは無謀である。山口は、

「司令部は何を考えておるのか！」

と憤慨した。

兵装転換の最中、上空にSBDドーントレス急降下爆撃隊が現れた。基地を発ったヘンダーソン海軍少佐率いる爆撃隊である。爆撃機は対空射撃や零戦に撃墜され、ヘンダーソンも戦死した（のちにガダルカナルの飛行場に名がつけられる）。高高度からはB17が爆弾を投下する。空母から至近距離の海上に爆弾が落ち、巨大な水柱が何本もそそりたつ。

ミッドウェーからの攻撃隊はようやく午前5時40分ごろに去っていった。

上空で待機していたミッドウェー攻撃隊機が次々と着艦した。山口は、

「現装備のまま直ちに発進すべき」

と司令部へ訴えたが、聞き入れてくれない。

機動部隊が攻撃隊全機を収容してまもなく、ホーネットを発進していたTBDデバステーターの編隊が来襲した。上空警戒の零戦と空母から飛び立った零戦がこれらを迎撃した。さらにエンタープライズの雷撃隊が突っ込んできた。

午後7時15分、雷撃隊に加えF4Fが現れ、零戦と空戦に入った。5分後、や

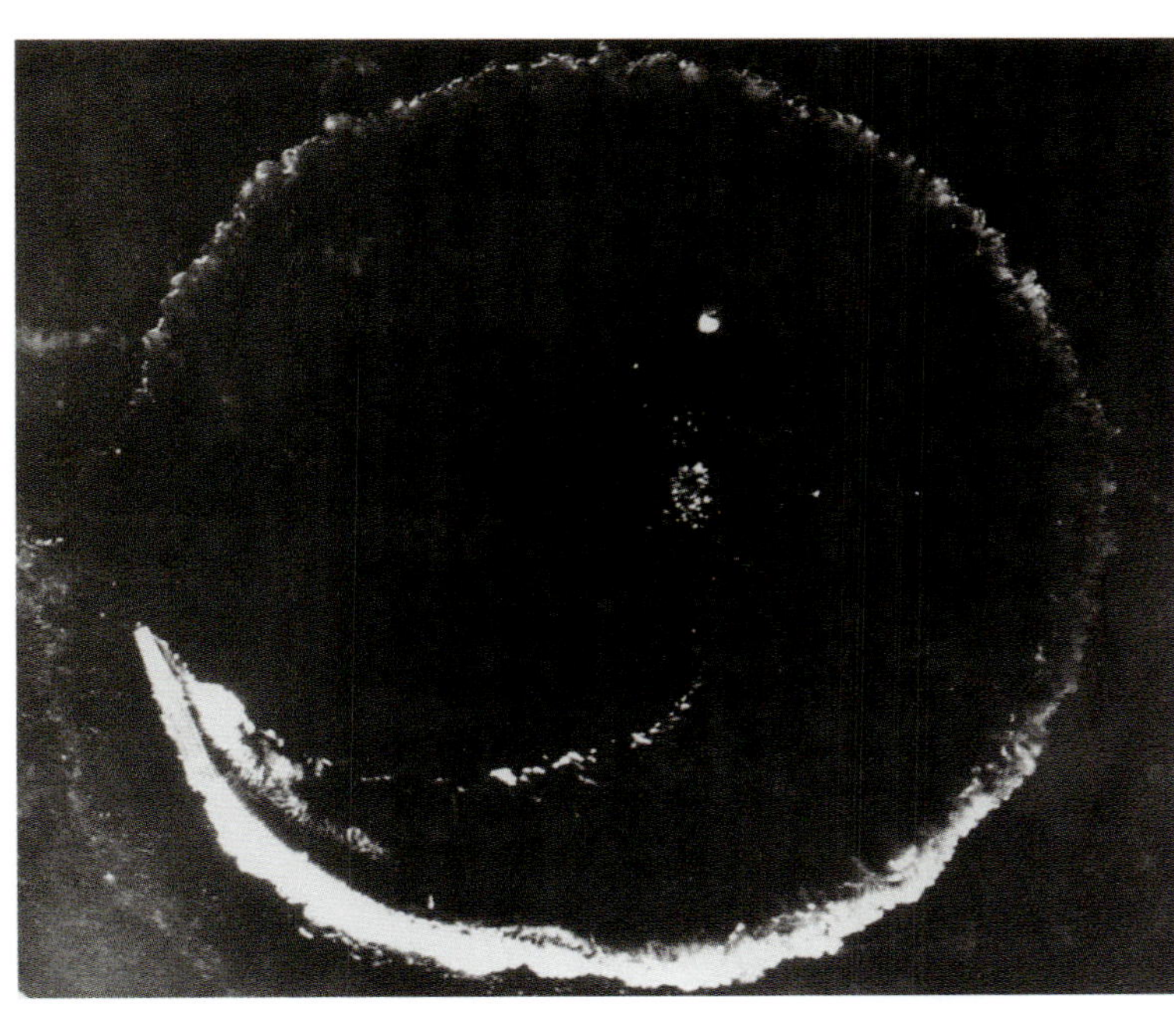

必死に回避行動する「赤城」

甲板に命中弾を受けた空母「赤城」が、弧を描き攻撃回避を行う。（写真提供／毎日新聞社）

っと「第2次攻撃隊、準備出来次第発艦せよ」との命令が発せられた。

だが、すでに遅かった。上空にSBDの編隊50機前後が飛来すると、加賀に向かってダイブ（急降下）した。投下した爆弾のうち3発が飛行甲板などに命中し、発艦直前の艦上機がこなごなに吹っ飛んだ。加賀は大炎上した。

同じように蒼龍も数発の直撃弾を受けて大破、炎上した。続いて被弾した赤城も格納庫の誘爆を引き起こして大爆発した。悪夢のような光景である。

無傷の空母は飛龍のみとなった。

山口は午前7時50分、敵機動部隊への攻撃隊を発進させた。攻撃隊は小林道雄大尉率いる艦爆18機、重松康弘大尉率いる零戦6機の計24機。途中、敵雷撃隊と遭遇し、零戦1機が被弾、1機が弾丸を撃ちつくして帰投した。

午前9時ごろ、攻撃隊は空母ヨークタウンを発見した（飛龍司令部ではエンタープライズと誤認）。だが、迎撃のF4Fや対空砲火により重松が乗った指揮官機を含む艦爆13機、零戦4機が撃墜された。それでも艦爆隊は果敢に急降下し、ヨークタウンに徹甲弾5発、陸用爆弾1発を浴びせ、炎上させた。

山口は午前10時31分、第2次攻撃隊（基地攻撃を含むと第3次）の艦攻10機と零戦6機を発艦させた。艦攻隊は友永大尉、友永機の偵察員を務めてきた橋本敏男大尉が5機ずつを率いる。零戦隊は森茂大尉が指揮を執った。

攻撃隊は無傷に見える空母（実は火災を消しとめたヨークタウン）を発見。F4Fが襲いかかるなか、橋本隊は2発ないしは3発の魚雷を命中させた（ヨークタウンはハワイに曳航中、日本軍潜水艦の魚雷で沈没する）。

この攻撃中、友永機は被弾して空母に体当たりし、森大尉も戦死した。飛龍に生還したのは橋本隊の艦攻5機と零戦3機の半数にとどまった。

山口は橋本大尉を指揮官とする第3次攻撃を決意したが、搭乗員の疲労がひどく、薄暮攻撃をとることにした。

飛龍で戦闘食が配られた直後の午後2時（現地時間午後5時）過ぎ、上空からSBDドーントレスの編隊が急降下し、続けざまに爆弾を投下した。3発が相次いで命中し、爆発炎上した。消火活動もむなしく、やがて航行不能に陥った。

孤軍奮闘した飛龍は総員退去のあと駆逐艦が放った魚雷により沈められた。山口司令官と艦長加来止男大佐は部下の説得に応ぜず艦と運命を共にした。

ミッドウェー海戦で零戦は奮戦したが、司令部の采配ミスなどにより空母4隻、中国戦線以来のベテランを含む搭乗員121人（戦死した将兵は3057人）、飛行機285機を失ってしまった。

この海戦は、その後の日本軍の作戦に深い影を落とし、連合軍の反撃を招くターニング・ポイントとなった。

ガダルカナル島に上陸する米兵

ガダルカナル島攻防戦は、日本軍の占領下にあったガ島と、対岸のツラギ島に米軍が奇襲上陸したことから始まった。（©Bettmann／CORBIS／アマナイメージズ）

死闘5 ガダルカナル島攻防戦

1942年8月〜1943年2月

太平洋戦争最大の激戦！ 米軍の本格的な反撃が始まる

精鋭部隊ラバウル航空隊の奮戦も長引く消耗戦の果てに…

昭和17年（1942）8月5日、ニューギニア東方にあるソロモン諸島のガダルカナル島（以下、ガ島）に、海軍が建設を進めていた飛行場が完成した。

アメリカ軍は早くにこれを察知し、ガ島攻略作戦を立てていた。飛行場完成からわずか2日後の7日早朝、空母を含む82隻の護衛艦艇と23隻の輸送船による上陸作戦に踏みきった。上陸部隊は海兵隊の将兵約1万1000人。

対する日本軍は飛行場の設営隊約2600人と護衛の守備隊約250人。ほとんどは建設作業の軍属で将兵は約600人に過ぎない。凄（すさ）まじい艦砲射撃や空襲を受けた日本軍はほうほうの体（てい）でジャングルへと退避した。横浜航空隊（飛行艇隊）が進出していた近くのツラギ島にも海兵隊が上陸し、守備隊は全滅した。

南方作戦における海軍の拠点は、東カロリン諸島のトラック島（環礁）である。だが、ガ島までは約2800キロもある。零戦は航続距離約3100キロ。戦闘機としては世界一を誇るが、ガ島で戦闘するには空母を使う必要がある。

ガ島に最も近いといえば、ビスマルク諸島ニューブリテン島のラバウル航空隊

ラバウルからガ島に向かう海軍航空隊

米軍上陸の報を受けた日本軍は、ラバウルで名をあげていた「ラバウル航空隊」に出撃を指示。（写真提供／近現代フォトライブラリー）

ガダルカナル島攻防戦（第1次～第3次ソロモン海戦）の概要

第1次ソロモン海戦	**主な参加者：第8艦隊司令長官・三川軍一中将** 1942年8月8日～9日。ガ島に物資を揚陸しようとする米軍輸送船を撃破するため、在ラバウルの艦隊が夜間に行った海戦。目的の輸送船は攻撃できなかったが、連合軍の重巡4隻を撃沈、重巡1隻、駆逐艦2隻を大破させ、勝利する。
第2次ソロモン海戦	**主な参加者：第3艦隊司令長官・南雲忠一中将** 1942年8月24日。日米の空母機動部隊の戦い。米空母への上空攻撃と、増援部隊輸送を目的とし、日本本土より空母機動部隊が出撃。ソロモン諸島北で、米空母機動部隊と交戦。零戦隊は奮戦するが、輸送船団は撤退。米軍の勝利。
第3次ソロモン海戦	**主な参加者：阿部弘毅中将、近藤信竹中将、三川軍一中将** 1942年11月12日～14日。日米間のガ島争奪戦が熾烈を極めるなか、日本軍は逐次、増援部隊を送り込む。11月、さらなる増援のため戦艦による艦砲射撃の隙に輸送船を上陸させようと試みるが失敗。ついに、ガ島奪還を断念した。

（陸・海軍航空隊の総称）である。ラバウルにはこの年4月に編制された第25航空戦隊が進出。零戦隊の台南航空隊が東飛行場、陸攻隊の第4航空隊が西飛行場を使用し、ニューギニア島のポートモレスビー攻略の戦闘を続けていた。

司令部はその日の作戦を変更し、台南空と第4空にガ島攻撃を命じた。

「舌を噛みそうな島だな。いったいどこにあるんだ……」

台南空の坂井三郎（一飛曹）らは航空図を見て息を呑んだ。ラバウルからは片道約1040キロもある。隊員は「これは苛酷な戦いになる」と覚悟した。

午前7時50分、零戦隊18機が離陸し（1機は途中で帰投）、1式陸攻隊27機を護衛して一路南東へ向かった。

午前10時20分ごろ、攻撃隊はガ島のルンガ上空に達した。海上は数えきれないほどの敵艦隊で埋まっている。陸攻隊が爆撃進路に入ろうとすると、敵戦闘機の編隊が10機近く現れた。

アメリカ軍は沿岸監視員によって日本軍の編隊を捕捉し、エンタープライズ、サラトガ、ワスプの各空母から60機ほどのグラマンF4Fワイルドキャットを発進させていた。グラマンF4Fは上空から急降下して攻撃を加えると、そのまま遠ざかっていった。

零戦隊は爆撃を終えた陸攻隊を途中まで護衛したのち、ルンガ上空に引き返した。ただし、その後陸攻機5機が敵機に襲撃されて未帰還となる。

零戦隊は待ち受けていたF4Fと激しい空戦をくりひろげた。1機を撃墜した坂井三郎は、さらに急降下爆撃機SBDドーントレス2機を撃墜するが、被弾して重傷を負ったまま帰投する。

ラバウルに前日進出したばかりの第2航空隊（第26航空戦隊）からも99式艦爆9機が出撃した。艦爆は航続距離が短く、捨て身の片道飛行である。

この日の戦闘で零戦隊はグラマン48機、爆撃機5機を撃墜（アメリカ側の記録は戦闘機11機、爆撃機1機）したが、上陸部隊にはほとんど被害を与えることができなかった。日本軍は零戦2機、陸攻5機、艦爆5機が撃墜され、艦爆5機が燃料切れなどで不時着した。8日にも陸攻隊23機と零戦15機が出撃したが、陸攻18機、零戦2機を失った。

航空部隊とは別に第8艦隊がラバウルを出撃。8月8日深夜、ルンガ岬沖に停泊中のアメリカ・オーストラリア軍の艦艇に魚雷と砲撃による攻撃を行った。

この第1次ソロモン海戦で日本軍は連合軍の重巡4隻を撃沈、重巡1隻、駆逐艦2隻を大破させた。この海戦の勝利を受け、陸軍と海軍はガ島奪還に総力をあげて臨むことにした。

陸軍はグアム島から一木清直陸軍大佐率いる一木支隊約2400人を派遣。8月18日、上陸を果たした一木支隊の先遣隊約900人がヘンダーソン飛行場を強襲したが、全滅した。

戦果を報告しあうベテランパイロット
ガ島の戦いでは、笹井中尉をはじめ、多くのベテラン搭乗員たちの命が奪われた。（写真提供／近現代フォトライブラリー）

空母「翔鶴」と「瑞鶴」
手前「翔鶴」には発艦する零戦、上空には1式陸攻が飛行している。奥に見えるのは、空母「瑞鶴」。（写真提供／毎日新聞社）

大爆発する米空母「ワスプ」
日本潜水艦の魚雷を被雷した「ワスプ」は、大火災を起こす。その後、米軍の自沈処分により沈没した。（写真提供／毎日新聞社）

連合艦隊は8月16日、ミッドウェー後に再編された機動部隊（指揮官・第3艦隊司令長官南雲忠一中将）が広島湾を出撃した。主力は翔鶴、瑞鶴、龍驤の空母3隻である。

南雲司令長官は8月24日、龍驤を旗艦とした支隊をガ島へさしむけた。午前10時30分ごろ、零戦15機、97式艦攻6機の攻撃隊が発進した。

アメリカ軍機動部隊はサラトガのSBDドーントレス30機、雷撃機デバステーター8機で迎撃した。上空直掩の零戦9機は必死に応戦したが、敵機が多すぎた。龍驤は爆弾4発、魚雷1発を浴びて炎上、午後6時ごろ沈没した。

機動部隊本隊は24日午後0時55分、第1次攻撃隊（零戦10機、艦爆37機）を、午後2時には第2次攻撃隊（零戦9、艦爆27機）を発進させた。

第1次攻撃隊はエンタープライズの部隊を発見し、急降下爆撃を開始した。F4Fによって6機が撃墜されたが、3発の爆弾を命中させ、被弾した2機は甲板に激突した。この攻撃で零戦3機、艦爆17機が未帰還となった。第2次攻撃隊は悪天候のために空母を発見できなかった。エンタープライズは中破、炎上したが、すぐに消しとめられた。

この第2次ソロモン海戦では潜水艦部隊が活躍した。8月31日、ガ島の南東沖でサラトガに魚雷を命中させて戦線を離

ガ島に放置された零戦
日本軍は、兵力の逐次投入を行っていたが、圧倒的な兵力差で米軍に撃退。ついにガ島から撤退する。写真は、撃墜された零戦。（写真提供：近現代フォトライブラリー）

脱させ、9月15日にはワスプに魚雷3発を浴びせて大爆発させた（その後、アメリカの駆逐艦により処分）。

10月26日、ソロモン諸島東方にあるサンタクルーズ諸島の周辺海域で日米の機動部隊が激突した。

午前7時25分、機動部隊の第1次攻撃隊62機が発進。指揮官は「雷撃の神様」の異名をもつ村田重治少佐である。攻撃隊はF4Fの迎撃と護衛艦の猛烈な対空砲火に次々と撃墜されながらも、ホーネットに爆弾6発と魚雷2本を命中させた。だが、零戦9機、艦爆17機、艦攻16機の42機が未帰還となった。

第2次攻撃隊は先発隊24機、後発隊20機から成り、輪形陣をとる護衛艦の対空砲火にもひるまずに攻撃を加え、エンタープライズを損傷させた。が、攻撃隊の損失も大きかった。

支援に駆けつけた第2航空戦隊（司令官・角田覚治少将）は旗艦隼鷹だけで3次にわたる反復攻撃を敢行し、ホーネットに致命傷を与えた（その後、日本軍の駆逐艦の魚雷で撃沈）。

日本軍は空母1隻を撃沈するなど一応の勝利を収めたが、艦上機92機を失い、村田など指揮官を含む搭乗員145人が戦死、大きな痛手をこうむった。

この海戦は南太平洋海戦と呼ばれる。

陸軍はさらに第38師団をガ島に送り込むことを決め、海軍は輸送船団を護衛するために戦艦比叡、霧島などを擁する第11戦隊を出動させた。これを阻止しようとするアメリカ軍艦隊と激突し、11月12日から14日まで艦隊同士の砲撃戦がくりひろげられた。

日本側は比叡、霧島の2艦を失ったうえ、輸送船団11隻は洋上において空からの攻撃で6隻が撃沈され、一隻が大破した。やっとのことで接岸した輸送船もガ島の米軍機により壊滅した。

この第3次ソロモン海戦の敗北でガ島奪還を断念せざるを得なくなった。

零戦は「ほぼ同等の兵力なら我が方が絶対の勝ち。1対2なら激戦となって引き分け。1対3になると相当の苦戦」と言われていた。だが、片道3時間以上の飛行でさえ疲労困憊するうえに、機数で勝るグラマンF4Fなどと死闘をくり返さなくてはならない。

長引く消耗戦で8月には「ラバウルのリヒトホーフェン」と称される笹井醇一中尉がガ島上空で撃墜された（死後、2階級特進で少佐）。9月には中国戦線からのベテラン搭乗員だった高塚寅一、羽藤一志、10月には太田敏夫らそうそうたる勇士が戦死した。

栄光に彩られた台南空は11月1日、第251航空隊と改称され、本土へ引き揚げる。

ガ島は餓死者が続出し、餓島とも呼ばれていた。12月31日、御前会議でガ島撤退が決定された。連合軍の進撃をくいとめられなかった日本軍は劣勢に転じる。

チモール島から飛び立つ零戦
日本軍はオランダとポルトガルの領地だったチモール島に進攻。ダーウィンへの足がかりとなる基地をクーパンに設置する。（写真提供／毎日新聞社）

死闘6 ダーウィン死戦

1942年2月〜1943年11月

圧倒的な格闘性能を発揮し 英名機「スピットファイア」を粉砕

1年に及ぶオーストラリア空襲の中、零戦は往年の輝きを放った！

日本海軍は真珠湾奇襲で打撃を与えたアメリカ太平洋艦隊の主力が西太平洋に進出してくるまでの間に、機動部隊をインド洋方面まで転用してイギリスやオランダ軍を叩く作戦を立てた。

その最初の攻撃目標になったのが、オーストラリア北西部の港湾都市ダーウィン（ポート・ダーウィン）だった。

連合艦隊の命を受けた機動部隊（司令長官・南雲忠一中将）は昭和17年（1942）2月15日、集結していた西カロリン諸島のパラオを出撃した。空母は第1航空戦隊の赤城、加賀、第2航空戦隊の蒼龍、飛龍の4隻である。

作戦会議では、ダーウィン港を真珠湾に見立て、雷撃機による攻撃も検討されたが、第2航空戦隊司令官の山口多聞少将は「真珠湾は奇襲だから成功したのであり、同じ手が2度通用すると考えるべきではない」と反対し、見送られた。

19日未明、真珠湾奇襲と同じように、赤城の淵田美津雄中佐を総指揮官とする攻撃隊188機が、チモール海の洋上から発進した。攻撃隊は艦攻81機、艦爆71機、零戦隊36機から成る。

午前7時45分、零戦隊はダーウィン北西のメルヴィル島上空で制空のために先行した。ダーウィン上空に達すると、オーストラリア軍の戦闘機10機ほどが迎撃してきた。アメリカとイギリスの戦闘機だったが、いずれも旧式である。

歴戦の勇士が揃う零戦隊の敵ではない。たちどころに後方の優位な位置につけてほとんどを撃墜、地上の飛行機を含め26機を撃破した。攻撃隊は輸送船8隻、駆逐艦2隻などを撃沈。しかし、艦爆と零戦1機ずつが未帰還となった。

引き続き、セレベス島（現在のインドネシア・スラウェシ島）に進出していた第21航空戦隊の陸攻隊54機が、港湾の軍事施設や石油貯蔵タンクなどを破壊した。この初空襲はその後のオーストラリアへの空爆を含め最大規模となった。

機動部隊はセレベス島のスターリング湾に入港したのち、修理のために本土に帰る加賀と別れ、新たに合流した第5航空戦隊の瑞鶴、翔鶴と共に3月下旬、インド洋へ向かった。

ダーウィン方面の空襲は、セレベス島のケンダリーおよびバリクパパン基地の第3航空隊の零戦隊と、高雄航空隊の陸攻隊が担った。零戦隊はダーウィンに近いチモール島のクーパンに前進基地を置き、出撃をくり返した。近いといってもダーウィンまでは900キロほどあり、片道2時間半かけての遠征になる。

　これに対し、アメリカ陸軍のカーチスP40の戦闘機隊が3月中旬、ダーウィンに進出し、日本軍の攻撃隊を迎撃した。P40は改良が進められ、12・7ミリ機銃6挺を装備したウォーホークが前線に投入されていた。

　零戦隊はP40との戦闘で圧倒的な強さを示したが、それでも少しずつ戦死者が増えていった。

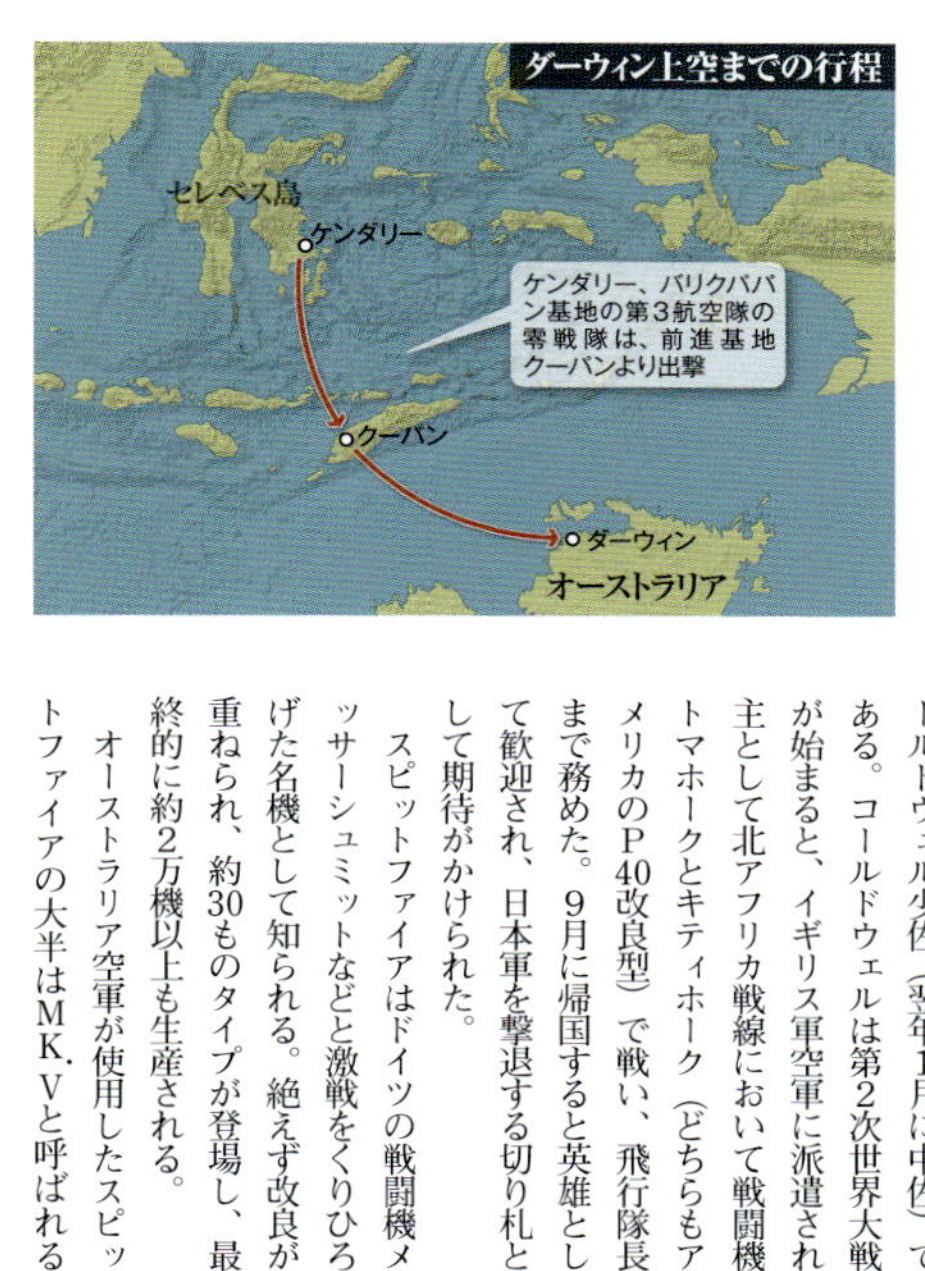

　アメリカ軍は格闘性能に優れた零戦に対抗するために一撃離脱戦法を多用するようになっていた。これは上空から急降下（ダイブ）して射撃したのち急上昇（ズーム）するといった戦法である。これにより日本軍が得意としていた格闘戦、いわゆる巴戦（ドッグ・ファイト）にもちこむことが難しくなった。

　アメリカ軍に加え、オーストラリア政府の要請を受けたイギリスは、6月ごろから戦闘機スーパーマリン・スピットファイアを派遣した。11月にはスピットファイア3個飛行隊から成るオーストラリア空軍第11航空団が編制された。

　司令はオーストラリア出身のエース（撃墜王）として知られるクライブ・コールドウェル少佐（翌年1月に中佐）である。コールドウェルは第2次世界大戦が始まると、イギリス軍空軍に派遣され、主として北アフリカ戦線において戦闘機トマホークとキティホーク（どちらもアメリカのP40改良型）で戦い、飛行隊長まで務めた。9月に帰国すると英雄として歓迎され、日本軍を撃退する切り札として期待がかけられた。

　スピットファイアはドイツの戦闘機メッサーシュミットなどと激戦をくりひろげた名機として知られる。絶えず改良が重ねられ、約30ものタイプが登場し、最終的に約2万機以上も生産される。

　オーストラリア空軍が使用したスピットファイアの大半はMK.Vと呼ばれるタイプである。7・7ミリ機銃8挺、7・7ミリ4挺と20ミリ2挺、20ミリ4挺ないしは各機銃を自由に装備できる3つの型があった。最大速度は零戦を上回る605キロを誇った（それ以降のタイプはさらに性能向上）。

　11月1日、零戦隊の第3航空隊は第202航空隊、陸攻隊の高雄航空隊は第753航空隊と改称された。

　昭和18年（1943）が明けた。オーストラリア空軍はスピットファイアをダーウィン周辺の飛行場に配備し、レーダーで攻撃隊の来襲に備えた。

　初めて日本軍機がスピットファイアと戦ったのは2月ごろといわれるが、双方の編隊が真っ向から激突したのは、5月2日のことである。

　この日、零戦27機は1式陸攻25機を掩護してダーウィン空爆に向かった。零戦隊を率いるのは、中国戦線で活躍してきたベテランの鈴木實少佐である。鈴木はこの春に202空の飛行隊長として着任したばかりだった。

　攻撃隊が爆撃を終えると、スピットファイア33機の編隊が飛来した。

「あれが、イギリスが誇るスピットファイアか。望むところだ」

　隊員のほとんどが噂には聞いていたが、実際に戦うのは初めてである。スピットファイアは零戦をしのぐスピードがあり、隊員はめんくらった。機銃の数も多く、ひとたび射撃すると、6本から8本もの赤い火箭が飛んでくる。これが命中したら、ひとたまりもない。

「これは思っていた以上に手ごわい」

　搭乗員は巧みな操縦で敵弾をかわした。スピットファイアのパイロットはヨーロッパ戦線で実戦を積んできた者が多く、プライドが高かったせいか、アメリカ軍のような一撃離脱戦法をとらず格闘戦で立ち向かってきた。巴戦であれば宙返りや横滑りなどで縦横無尽に暴れまわれる零戦の方に一日の長がある。

　約40分間にわたる空戦のすえ、零戦隊は13機のスピットファイアを撃墜した。零戦隊は5機が被弾したが、1機も失うことなく帰投した。

　零戦対スピットファイアの初対決は零戦の圧倒的な勝利に終わった。鈴木の指揮下では、これ以降のスピットファイアとの戦いでも勝利し、味方の損失はわずかに1機だけだったという。

　だが、戦法を変えたオーストラリア軍によって日本軍（特に陸軍）の被害も大きく、同時期のガダルカナル奪還作戦の失敗によりオーストラリア空爆は11月ごろに終了する。この間、少なくとも97回（諸説あり）の出撃があった。零戦は連合軍の反攻で圧倒的な優位が揺らぐなか、ここでは往年の輝きを放った。

　とはいえ、日本軍は戦線を広げすぎてしまった。オーストラリアを南限にそれ以降は風船がしぼむように勢力範囲を縮め、零戦も次第に輝きを失ってゆく。

死闘7

山本五十六長官護衛戦

1943年4月18日

傍受されていた暗号電文、山本長官搭乗機の機体が火を噴く！

連合艦隊司令部にて

山本五十六長官は、自ら望んで最前線の視察を希望、それが裏目に出た。写真は、連合艦隊の司令部で作戦を検討しているところ。（©読売新聞社／アマナイメージズ）

「待ち伏せていたか！」長官の搭乗機は墜落、搭乗員全員死亡

日本軍は昭和18年（1943）2月上旬、ガダルカナル島から撤収した。大本営は「転進」と発表したが、明らかに日本軍の完敗だった。

東部ニューギニアの兵力を増強するために2月28日、ラバウルから陸軍第51師団主力の7000人、重火器、弾薬、補給物資などを満載した輸送船8隻が進発した。海軍は駆逐艦8隻とラバウルの零戦隊、陸軍の航空隊、空母瑞鶴の零戦隊を上空警戒につけた。

だが、3月2日から3日にかけ、ダンビール海峡にさしかかった輸送船団は、連合軍の戦闘機約150機、B17やB25などの爆撃機約100機の猛爆を受け、輸送船すべてと駆逐艦4隻、陸兵約3600人を失った。のちにダンビールの悲劇と呼ばれるこの海戦に見られるように、日本は連合軍の大攻勢により補給路を断たれつつあった。

連合艦隊は劣勢をはね返すため3月下旬、「い号作戦」を発令した。この作戦は、前年に新編制された第3艦隊所属の瑞鶴、隼鷹、飛鷹、瑞鳳（翔鶴は内地で修理中）の各飛行隊が、ニューブリテン島ラバウルの基地航空隊と合同で、ガ島を含むソロモン諸島、ニューギニア東部のポートモレスビーなどにある連合軍基地の撃滅をめざすものである。

4月2日、トラック島に集結した各空母の艦上機184機がラバウルに進出。ラバウルの第11航空艦隊208機を合わせ392機の航空戦力となった（機数は文献により異なる）。総力とはいえハワイ作戦より40機ほど多いだけである。いかに消耗が激しいかがわかる。

翌3日、連合艦隊司令長官山本五十六大将と、司令部の宇垣纏参謀長ら幕僚が2機の飛行艇（2式大艇）に分乗してトラックを発ち、ラバウルに着いた。

4日、山本司令長官が白い帽子を振って見送るなか、艦上機隊はガ島攻撃のために前進基地のブーゲンビル島ブイン、同島近くのバラレ島へ進出した。

7日午前9時45分（日本時間。以下同じ）、艦爆67機、零戦157機から成る攻撃隊がガ島へ向け出撃した。

午後零時25分、攻撃隊がガ島上空に達すると、敵戦闘機隊76機が迎撃してきた。零戦隊が撃退するなか、爆撃隊は一応の成果をあげた。だが、司令部では戦果を過大評価していた。

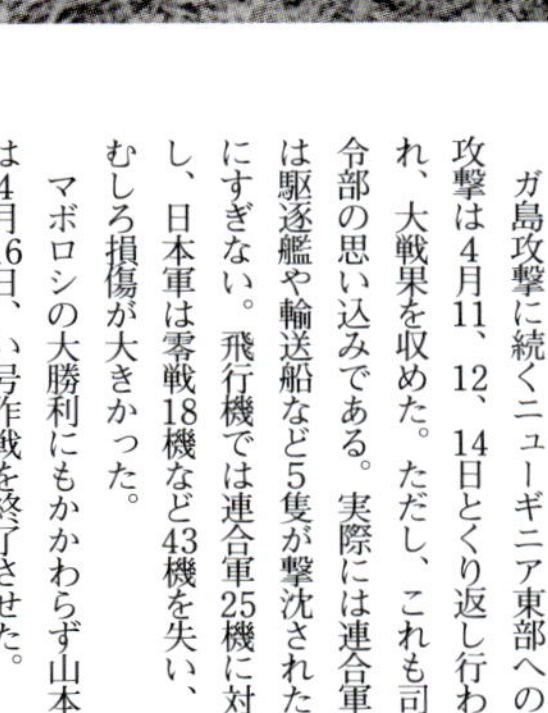

護衛パイロットの柳谷兵長
護衛パイロットのひとり、柳谷謙治氏。護衛戦後の交戦中に右手首を失い内地に戻るが、その後、教官となる。（写真提供／近現代フォトライブラリー）

海軍次官時代
次官時代に日中戦争が始まると、愛煙家の山本五十六は「事変終了まで喫煙せず」と禁煙したという。（写真提供／山本五十六記念館）

ガ島攻撃に続くニューギニア東部への攻撃は4月11、12、14日とくり返し行われ、大戦果を収めた。ただし、これも司令部の思い込みである。実際には連合軍は駆逐艦や輸送船など5隻が撃沈されたにすぎない。飛行機では連合軍25機に対し、日本軍は零戦18機など43機を失い、むしろ損傷が大きかった。

マボロシの大勝利にもかかわらず山本は4月16日、い号作戦を終了させた。

これより前、宇垣参謀長はラバウルに着いてすぐに司令長官の前線視察計画を幕僚に立案させた。

視察の日程は13日、宇垣の署名を得た暗号電文でもって航空戦隊の各司令官や司令宛に送信された。第一線では異例の詳細な長文であった。連合艦隊は4月1日に暗号の乱数表を変えたばかりであり、宇垣は「解読されない」と公言してはばからなかったが、実際には暗号構造までアメリカ軍に解析されていた。

第3艦隊司令長官の小沢治三郎中将ら高級将校数人は「司令長官自ら前線視察するのは危険きわまりない」と反対し、「どうしても行くというのなら、戦闘機をもっとつけるように」と幕僚に忠告した。が、聞き入れてもらえなかった。

直掩の零戦は第２０４航空隊から選ばれることになった。同空司令の杉本丑衛大佐は司令部に20機を出すと申し入れたが、ここでも6機でいいと押しきられた。指揮官には森崎武中尉が指名され、日高義巳（上飛曹）辻野上豊光（一飛曹）岡崎靖（二飛曹）杉田庄一（飛行兵長）柳谷謙治（同）の5人を率いることになった。搭乗員は大役を命じられて光栄に思ったが、本当に6機で十分だろうかという不安も頭をよぎったことだろう。

4月18日朝、ラバウルの東飛行場に西飛行場から2機の1式陸攻が着陸した。

午前6時すぎ、山本司令長官と副官ら幕僚4人の搭乗者、7人の乗員を乗せた

山本長官搭乗機の左翼

山本長官以下、11名が搭乗した海軍1式陸上攻撃機の左翼。平成元年にパプアニューギニア政府の厚意により、故郷長岡へ返還された。（山本五十六記念館蔵）

1番機、宇垣参謀長ら5人の搭乗者、7人の乗員を乗せた2番機が相次いで発進した。めざすのは約500キロ離れたバラレ島である。この空路は日本軍が制空権を握っており、搭乗員のあいだでは敵機はまず現れないと思われていた。

予定では、午前8時にバラレ到着、駆潜艇でショートランドを訪れ、将兵の士気を鼓舞し、バラレにもどる。午前11時に陸攻で発ち、10分後にブインに到着。午後2時にブインを発ってラバウルにもどることになっていた。

しかし……。アメリカ軍はアリューシャン列島ダッチハーバーの海軍無線傍受所でキャッチした暗号電報を真珠湾で解読していた。太平洋艦隊司令長官ニミッツは南太平洋地域司令官ハルゼーに山本機の撃墜を指示。ノックス海軍長官、ルーズベルト大統領もこれを了承した。

第3艦隊司令長官を兼任していたハルゼーは、ニューカレドニア島のヌーメアの艦隊司令部から、ガ島のソロモン地区航空部隊司令官マーク・ミッチャー海軍少将に撃墜命令を下した。

午前5時25分、ヘンダーソン飛行場から陸軍戦闘機ロッキードP38ライトニング18機が発進した。このうち2機はトラブルを起こして離脱する。

P38はほかの戦闘機と比べて航続距離が2000キロ以上（のちに3600キロ）と長く、ガ島からブーゲンビル島まで往復しても戦闘する能力があった。最大速度は時速650キロ前後、機首には20ミリ機銃1挺と12・7ミリ4挺を装備していた。コックピット（操縦席）とは別にエンジン付きの細い胴体が2つある4角形の枠のような特異な形をしており、ドイツ軍からは「尻尾の裂けた悪魔」の異名がつけられていた。日本軍は「メザシ」などと呼んでいた。

P38の編隊を率いるのはジョン・ミッチェル陸軍少佐だった。ミッチェル隊は約2時間、720キロほどを飛行してきた。午前9時25分、「敵機を発見」という隊員の声がミッチェルの無線電話のレシーバーに聞こえた……。

「敵機、発見！」

陸攻1番機の偵察員が叫んだ。あとブインまでは15分ほど。着陸のために高度を落としているとき、この空域にいるはずのないP38の編隊が襲来した。

「くそ。待ち伏せしていやがったか」

零戦隊は死にもの狂いでP38に立ち向かい、司令長官を護るために急降下した。だが、敵機は10機も多い。とてもすべてを追い払うことはできない。

1番機機長の小谷立（飛行兵曹長）は敵機を振り切ろうとブーゲンビル島のジャングルに向けて高度を落とした。2番機も同じように急降下した。

1番機は大きく旋回する敵機を見て右に回り、2番機は逆に左へと機首を向けた。だが、真後ろについた2機のP38はありったけの弾丸を放ちながら追尾し

山本長官坐座の椅子

山本長官は、この座席に座ったまま絶命。墜落の翌日に、ジャングルの中で発見された。座席は、左翼とともに山本五十六記念館に展示されている。（山本五十六記念館蔵）

血染めの軍服

明治38年の日本海海戦で被弾した際に着用していたもの。山本長官は、この被弾で、左手の指2本を失った。（撮影／大矢憲昭、如是蔵博物館蔵、財団法人日本五尊社管理）

愛用のかばんとトランプ

勝負事、賭け事が好きだったと伝わる山本長官。中でもトランプのブリッジは「将棋で言えば８段ぐらい、少なくとも東洋では私が一番」と言っていたという。写真の革かばんとトランプはどちらも愛用品。（山本五十六記念館蔵）

た。陸攻も旋回銃で応戦したが、すばやい動きの戦闘機に命中しない。敵機の弾丸が陸攻の胴体や翼を貫いてゆく。たまらず1番機は火を噴き、ジャングルの中へと墜落していった。

2番機は翼のエンジンをやられ、胴体に穴があいた。なんとか必死にこらえて海岸線まで逃れたが、失速して海に落ちた。着水したときの衝撃で右翼がもぎれ、胴体は横倒しになった。

翌日、山本をはじめ11人全員の遺体がジャングルの中で発見され、収容された。山本は胴体左側の座席に座ったまま死亡していた。周囲の遺体は焼けただれて判別がつかないほどだったが、山本の遺体はウジもわかずそれほど傷んでいなかったという。

2番機では12人のうち9人が戦死、重傷を負った宇垣を含む3人が命拾いした。零戦は1機も撃墜されなかったが、その後、搭乗員6人は連日のように出撃し、この年の夏までに4人が戦死する。空戦中に重傷を負った柳谷と杉田だけは負傷して内地にもどされる。

大本営は5月21日、山本五十六の戦死を公表した。山本は元帥（げんすい）の称号を与えられ、6月5日、日比谷公園の特別斎場で国葬が執り行われた。

出身地の新潟県長岡市の山本五十六記念館には、最後に搭乗した機体の翼（左翼部分）が展示されている。

１９４４年６月19日
マリアナ沖海戦

無念!「マリアナの七面鳥撃ち」強敵〝蒼い魔女〟Ｆ６Ｆに完敗

不時着した零戦に米兵が集まる

マリアナ沖海戦から遡ること２年。昭和17年７月９日、アリューシャン列島に不時着していた零戦が米軍に回収された。これを機に米軍は対零戦機、戦術を確立させていく。（写真提供／雑誌『丸』）

次々と火だるまに…機動部隊は壊滅状態に陥る

アメリカ軍を主力とする連合軍は、中部太平洋にも攻勢をかけてきた。

昭和18年（１９４３）８月31日、アメリカ軍はマリアナ諸島の北東にある南鳥島（マーカス島）に機動部隊による空襲を行った。

このとき初めて新型戦闘機のグラマンＦ６Ｆヘルキャットが作戦に参加した。Ｆ６ＦはＦ４Ｆよりもパワフルだった。12・７ミリ機銃６挺を装備している点では同じだが、装甲が厚いうえに最大速度は時速６００キロを超える。零戦ほど敏捷ではないが、一撃離脱戦法には向いていた。この新型グラマンの登場で零戦は厳しい戦いを強いられる。

零戦もまた改良が続けられていた。前年４月ごろから量産された32型は速度や格闘性能が向上したが、航続距離は落ちた。これを補うために22型が開発された。この年の８月ごろからは零戦のなかで最も多く生産される52型の量産が始まっていた。52型はその後、武装などが異なる甲・乙・丙の３タイプが加えられ、前線に送られる。

零戦隊とＦ６Ｆ隊が初めて対決したのは10月６日、ウェーク島上空戦である。当時、マーシャル諸島のルオット島やタロア（マロエラップ）島には、ラバウル方面から第２５２航空隊が進出し、ウェーク島には先遣隊が駐留していた。

この日、ウェーク島は敵機約４００機の空襲を受けた。このなかに47機のＦ６Ｆが参加しており、零戦隊は14機を撃墜（アメリカ軍の記録では６機）したが、23機すべてが撃墜された。

11月21日、アメリカ軍はギルバート諸島のマキン、タラワ両島に上陸してきた。

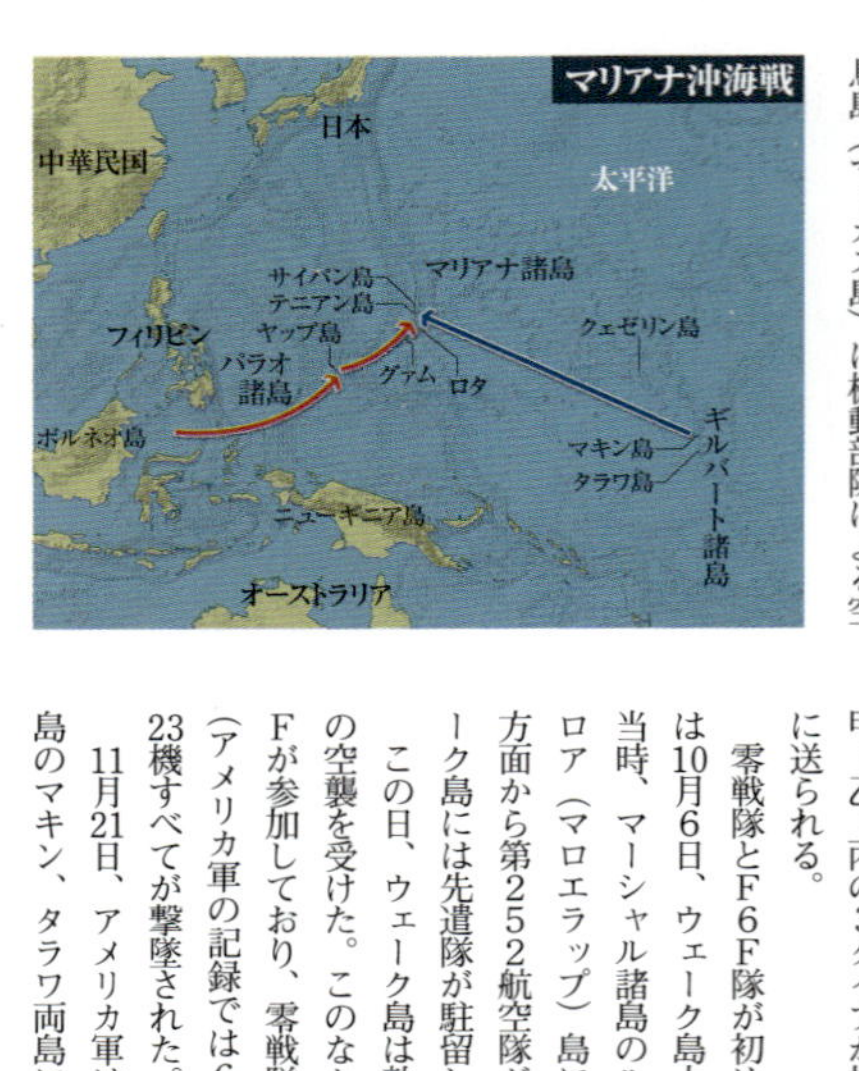

２５２空は奮戦したが、数日後両島の守備隊約５４００人が全滅した。

これ以降、連合軍は物量にものを言わせ、大規模な空爆、艦砲射撃のあとに上陸作戦を展開するという攻撃パターンで、太平洋の島々を攻略してゆく。

マーシャル諸島の防衛を強化するため、アリューシャン列島にいた第２８１航空隊がルオットへ転進した。

昭和19年（１９４４）１月30日から31日にかけ、敵機動部隊による波状攻撃のあと、ルオット、ナムルにアメリカ軍が上陸してきた。２８１空は零戦すべてを失い、司令を含む搭乗員は守備隊と共に全滅。タロアの２５２空と７５５空の残留者は陸攻に分乗してトラックへ引き揚げたが、司令の柳村義種大佐（戦死後に少将）ら整備士など地上要員は守備隊と共に玉砕した。

２月17、18日、連合艦隊の拠点だったトラック島が敵機動部隊の猛爆を受け、飛行機約２７０機を失った。

連合艦隊司令部があるパラオも３月30、31日と空襲を受けた。司令部をミンダナオ島ダバオに移すために31日夜、司令長官古賀峯一大将と参謀長福留繁中将は２機の飛行艇に分乗して発進した。しかし、悪天候のために古賀搭乗機は行方不明（のちに全員殉職と発表）、福留搭乗機はセブ島沖に不時着し、福留らは抗日ゲリラの捕虜になった。福留はのちに解放されたが、新Ｚ作戦の機密書類を

米軍に捕らえられテスト飛行される零戦

アリューシャン列島に不時着していたのは、古賀忠義一飛曹の零戦21型だった。機体に大きな損傷はなく、米軍に修復され飛行テストに使われた。これにより、米軍は零戦の長所や欠点を知り、その後の戦いを有利にしたと言われる。下・塗装も米海軍標準に塗り直された古賀機。（ともに写真提供／雑誌『丸』）

奪われ、アメリカ軍の手に渡る。

大本営は5月3日、連合艦隊司令長官に就任した豊田副武大将に対し、敵機動部隊の撃滅をはかる「あ号作戦」（原案は新Z作戦）を指示した。

これに対し、マリアナ諸島奪還をめざすアメリカ軍のサイパン上陸部隊は輸送船約500隻に分乗し、6月9日、マーシャル諸島メジュロ島を出撃した。これを第5艦隊第58任務部隊の空母15隻、戦艦7隻、巡洋艦21隻など112隻もの大艦隊が支援。艦上機はF6Fや急降下爆撃機カーチスSB2Cヘルダイバーなど約900機を数えた。

6月11日、同任務部隊は延べ約470機でサイパン、テニアン、グアム、ロタの各基地を空襲。12日には延べ約1400機が猛爆を加え、基地航空隊の航空戦力をほとんど壊滅させた。さらにサイパン島への凄まじい艦砲射撃をくりひろげたあと、15日に上陸を開始した。

豊田司令長官は「あ号作戦」の発動を命じた。作戦を担うのは、3月に新編制された第1機動艦隊（司令長官・小沢治三郎中将）である。

第1機動艦隊は空母9隻、大和や武蔵などの戦艦5隻、巡洋艦11隻など62隻からなる。艦上機は約400機（439機とも）。艦隊は13日、フィリピンのスルー諸島を出撃した。

小沢司令長官はミッドウェー海戦の轍を踏むまいとアウトレンジ戦法をとった。アウトレンジとは射程外を意味する。これを海戦にあてはめ、敵機より航続距離が長い艦攻天山や艦爆彗星、零戦52型という新鋭機で先制攻撃をしかけようというものである。

19日午前7時30分、前衛の第3航空戦隊の第1次攻撃隊67機が千歳、千代田、瑞鳳から発進した。主力は戦闘爆撃機45機である。戦闘爆撃機というのは零戦に250キロ爆弾を搭載したもので、今回初めて実戦に投入された。

午前8時、第1航空戦隊（甲部隊）の第1次攻撃隊128機が大鳳、翔鶴、瑞鶴から発進した。同攻撃隊は零戦48機、彗星53機、天山27機から成る。

午前9時過ぎ、第2航空戦隊（乙部隊）の第1次攻撃隊47機が隼鷹、飛鷹、龍鳳から発進した。同攻撃隊は零戦15機、戦闘爆撃機25機、天山7機。

だが、アメリカ軍は新型の防空レーダーを備えた警戒駆逐艦を西方に配備し、日本軍機の動きを捕捉していた。

アメリカ軍の空母から400機以上のF6Fやヘルダイバーが発進した。電波指令機に誘導されて上昇した大編隊は、日本軍機の進路の上空で待ち受け、雪崩を撃つように急降下した。

日本軍の搭乗員の多くは速成のため練度の低いまま送り込まれ、実戦経験も少ない。第1撃だけで多くの零戦や艦攻、艦爆が被弾して火を噴いた。

かろうじてF6Fの攻撃を潜り抜けた攻撃機には対空砲火の弾幕が待ち受けていた。しかも高射砲には、たとえ命中しなくても飛行機の近くで爆発するVT信管を装着した砲弾を使用している。

攻撃隊のほとんど全機が空母に達する前に撃ち落とされた。第2次攻撃隊も戦果をあげられないまま撃破された。

アメリカ軍は日本機が次々と火だるまになって撃墜される光景を見て、「マリアナの七面鳥撃ち」と表現した。

日本軍は19日に大鳳、翔鶴が敵潜水艦の魚雷で沈められ、20日には飛鷹が攻撃隊の猛攻を受けて撃沈された。飛行機約300機は海の藻屑となった（文中の機数は文献で異なる）。

アメリカ軍は1隻の空母も失うことなく、燃料切れなどで約80機が未帰還となったが、搭乗員の多くは救助された。

日本軍は太平洋戦争中、最大の艦隊決戦となったマリアナ沖海戦の敗北により機動部隊が壊滅状態となる。この後、サイパン、テニアン、グアムの守備隊が全滅し、日本本土はこれらの基地から発進するB29の空爆にさらされる。

なお、真珠湾奇襲攻撃の指揮を執った南雲忠一中将はサイパンで、闘将で知られた角田覚治中将はテニアンで、守備隊と共に戦死した。

死闘9 B29、P51との本土上空戦

1944年末

B29が日本本土に

超大型爆撃機B29による爆弾投下。北九州から始まった空襲はやがて日本全土に広がり、主要都市の大半が爆撃圏内にはいった。（©CORBIS／アマナイメージズ）

本土に来襲する米新鋭機に改造型零戦、夜間戦闘機で挑む

B29、P51を迎撃せよ！撃墜王の坂井、岩本らも奮戦

昭和19年（1944）6月のマリアナ沖海戦のあと、7月7日にサイパン、8月3日にテニアン、8月11日にグアムの各守備隊が全滅した。

マリアナ諸島を占領したアメリカ軍は、グアムとテニアンに各2カ所、サイパンに1カ所の基地を整備し、日本の本土を空襲できる4発長距離大型爆撃機ボーイングB29スーパーフォートレス（超空の要塞）を配備した。

0　500km
日本
B29
母島
硫黄島
太平洋
サイパン島

サイパン島からB29が本土上空へ

B29は全長が約30メートル、翼幅は約43メートル。最大速度は零戦を上回る時速約580キロ。航続距離は6600キロ。4トンの爆弾を搭載しても5500キロの長距離を約1万メートルの高高度で飛行することができた。乗員は10人。20ミリ機銃1挺と旋回銃10挺を装備し、防御も固い。

B29はこの年の6月15日、中国の成都方面の基地から飛び立ち、北九州を空襲している。これが日本本土に対する最初の空爆となった。

11月1日、初めてマリアナ基地からB29が東京偵察に飛び、24日には大編隊を組んで東京を初空襲した。

陸海軍の航空隊は本土防衛にあたる局地戦闘機の開発を急いでいた。そんな中、12月3日、B29の編隊が東京上空に現れると、陸軍の戦闘機飛燕（3式）が出撃し、偶然にもB29の背中にのしかかって1機を撃墜、無事に生還した。飛燕は日本が戦時中に投入した唯一の液冷エンジン（ほかは空冷）を搭載し、1万メートル近くまで上昇できた。

陸軍には、最大速度600キロで1万1000メートルまで上昇できる重戦闘

機の鍾馗や双発重戦闘機の屠龍もあった。11月、特攻志願者から成る特別攻撃隊が編制され、鍾馗などを使ったB29への体当たり攻撃がくり返される。

海軍では、局地戦闘機の紫電、紫電改、雷電、双発の夜間戦闘機月光、双発爆撃機の銀河、零戦52型などが、B29を撃墜する性能を持っていた。

紫電改は首都圏の航空隊で使われたほか、選りすぐられた搭乗員で新編制された第343航空隊（通称は剣部隊）では全機を紫電改とした。隊員は愛媛県松山市で猛特訓を続けている最中だった。

月光にはドイツ空軍の夜間戦闘機と同じように背中の部分に斜め上方に向けて発砲する20ミリ機銃を2挺装備し、レーダーも搭載されていた（屠龍にも斜め機銃が装備、ただしレーダーはなし）。

昭和20年（1945）が明けた。

局地戦闘機の奮戦にもかかわらず、B29の大編隊は主要な都市に無差別爆撃を加えた。3月9日深夜から10日にかけ、東京は約300機のB29による大空襲を受け、江東地区を中心に焦土と化した。死者、行方不明者は10万人にものぼると言われる（諸説あり）。

3月17日、硫黄島（日本では2007年以降イオウトウが正式な呼称。アメリカはイオウジマと呼ぶ）の守備隊を率いる栗林忠道中将（戦死直前に大将）は、大本営に訣別電報を打ち、26日前後に突撃を敢行した。2月19日にアメリカ軍が上陸して以来、島を死守してきた守備隊の組織的な抵抗は終わった。

アメリカ軍は日本軍が使っていた飛行場をブルドーザーなどで整備し、ノース・アメリカンP51ムスタングを進出させた。この飛行場はB29の緊急着陸などにも利用される。

P51はイギリスのスピットファイアで有名なロールス・ロイス社のマーリン・エンジン（ライセンス生産）を搭載し、最大速度は約700キロ、増槽をつけた航続距離は約2600キロ、12・7ミリ6挺（初期型は4挺）を装備していた。

量産型のP51Dタイプのキャノピーは枠のない半円のドーム型であり、機体は流線型をしている。パイロットは酸素マスクやゴーグル（航空眼鏡）が一体化した最新の航空帽を被っていた。

B29とP51は、日本の航空戦力との違いを歴然と示すものでもあった。

3月19日、343空の紫電改54機は、200機近いアメリカ軍の艦上機に上空から攻撃を加え、グラマンF6Fヘルキャット、チャンスボートF4Uコルセアといった戦闘機48機、爆撃機4機を撃墜する戦果をあげた（アメリカ軍の記録では14機が撃墜され、34機が損傷）。

さらに、B29にもアクロバットのような前方切り返し背面垂直降下攻撃で挑んだが、敵機はあまりに多く、戦局を挽回するような戦果はあげられなかった。

4月15日には、ラバウル基地にいたとき山本五十六搭乗機の護衛につきながら使命を果たせず、343空の一員になっていた杉田庄一も戦死した。

戦局が悪化の一途をたどるなか、戦歴の長い零戦隊も、本土防衛のために死闘をくりひろげた。

撃墜王の1人として知られる岩本徹三もその1人である。岩本は日中戦争のときから第一線で戦い、真珠湾奇襲攻撃のときには空母瑞鶴の上空警戒を務めた。その後の海戦でも戦い抜き、連合軍が大挙襲来するラバウルでは一撃離脱戦法をとったり、敵編隊の上空で爆発させる第3号爆弾を使いこなしたりして撃墜数を増やした（戦後、本人の記録によれば、単独で202機を撃墜）。

4月28日、鹿児島県の笠之原基地を拠点にする第203航空隊に所属していた岩本少尉（終戦後に大尉）は、大型機の編隊が大隅半島に向かっているとの報を受け、零戦に飛び乗って発進した。ほかの零戦は無線電話で誤報と知らされて離陸しなかったが、岩本の受信機は故障しており、そのことを知らなかった。

30分後、B29の編隊30機がやってくるのを捕捉した。B29は攻撃にさらされることが少なく安心しているせいか、高度5000メートルで飛行してくる。

「よし、行くぞ！」

岩本は高度9000メートルから1番機をめがけて垂直背面降下すると、目の前に迫るコックピットをめがけ、20ミリと13ミリ（13・2ミリ）機銃を放った。あやうく激突するところをかわしたが、右翼がかすって損傷した。

「駄目だったか」

と思って見上げると、攻撃したB29が墜落していくのが見えた……。

このころ局地戦闘機として使用されていた零戦のほとんどは52型である。このうち乙型は20ミリ機銃と機首の7・7ミリ2挺のうち1挺を13ミリに換えて火力を強化し、風防の正面に防弾ガラスも装着した。丙型はさらに機首は右舷の13ミリだけにして左舷の7・7ミリを取り除き、主翼の20ミリ2挺の外側にそれぞれ13ミリ（計3挺）をつけ、B29などにも対抗できるように武装した。

やはり撃墜王として知られる坂井三郎は紫電改などにも乗り、343空で教官も務めたが、零戦が一番優秀であるとして、実戦では迷うことなく零戦に飛び乗って戦い続けた。

B29は対空砲火や故障を含め約700機（諸説あり）を損失したとも言われるが、大勢には影響しなかった。

日中戦争のときから空を疾駆し、戦い続けてきた零戦も、連合軍がくりだす超大型爆撃機や最新鋭の戦闘機の前に力尽きて終戦を迎える。

死闘10

神風特攻隊の突撃

1944年10月25日

火を噴いて突入する特攻機

米空母「エセックス」に突入直前の艦上爆撃機「彗星」。搭乗は第4神風特別攻撃隊の香取隊。撮影は、昭和19年11月25日のもの。（©読売新聞社／アマナイメージズ）

“轟沈”を背負う特攻隊員

救命胴衣に、短時間のうちに沈没することを意味する“轟沈”の文字を書いた海軍特攻隊員。艦船に体当たりし、撃沈させるという決死の覚悟が伝わる。（写真提供／毎日新聞社）

自らの命と引き換えに…爆装した零戦の凄絶な最後

祖国、日本を思い散華した若者たちと零戦の最終戦

太平洋戦争において、日本軍守備隊は多くの島で全滅する道を選んだ。大本営はこれを玉砕と発表したが、投降すれば助かる命を捨てなくてはならない将兵の気持ちはいかばかりだったか……。

さらに将兵の命と引き換えに敵に打撃を与えようとする特別攻撃隊も編制された。特攻隊ですぐに連想するのは陸海軍の飛行機による体当たり攻撃である。戦闘中に被弾したときなど、個々に覚悟のうえで体当たりすることはあっても、はじめからそれを目的に、上層部の命令で行うというのは前例がない。ほかに海軍の人間魚雷「回天」のように小型潜水艦を使うものもあった。

飛行機による体当たり攻撃はフィリピンで始まった。

昭和19年（1944）10月10日、日本軍のすきを突くようにアメリカ軍機動部隊は約1400機もの艦上機で南西諸島を空襲した。特に集中的に攻撃を受けた沖縄の那覇は壊滅状態になった。

12日には台湾全土の基地が大規模な空襲を受けた。大本営は「敵は台湾に上陸する公算が強まった」と判断し、12日から16日まで九州南部や沖縄、フィリピンの各基地から攻撃隊を発進させ、台湾沖航空戦をくりひろげた。

大本営は空母11隻、戦艦2隻などを撃沈、空母9隻、戦艦2隻などを撃破したと勇ましく発表した。

これがまったくの大誤報だった。実際にはアメリカ軍の艦艇は1隻も撃沈されず、空母2隻、巡洋艦3隻などが損傷したにすぎない。過大な戦果報告は未熟な搭乗員の思い込みによるものだった。

突撃直前、日の丸を巻く隊員たち
隊員たちは、戦友の遺骨を抱く者、家族の写真を持つ者など様々な思いを胸に特攻機に搭乗した。（©読売新聞社／アマナイメージズ）

日本本土で国民が大勝利の報に酔っていた17日、アメリカ軍はレイテ湾口のスルアン島に上陸してきた。やはり台湾や沖縄への空襲は陽動作戦だった。

この日、大西瀧治郎中将がマニラにやってきた。大西は軍需省航空兵器総局の局長として前線に1機でも多く飛行機を送り込もうと躍起になっていたが、アメリカの生産能力とは雲泥の差があり、思うようにはいかなかった。

マリアナ諸島の陥落後、館山航空隊司令の岡村基春大佐らから飛行機による体当たり攻撃を唱える声があがった。航空本部は8月、第405航空隊付の太田光男特務少佐の進言を受け、1式陸攻の胴体下にとりつけ、火薬ロケットで推進する小型特攻機（人間爆弾）の試作に踏みきった。のちの桜花である。

大本営海軍部では事実上、体当たり攻撃は既定方針になっていた。

大西は10月5日、南西方面艦隊司令部付の辞令を受けとり、フィリピンへ飛んだ。マニラで寺岡謹平中将と引き継ぎを終えると、19日、マニラの北方80キロほどにあるクラーク・フィールドへ車で向かった。クラーク・フィールドにはバギオ街道を挟んで両側にマバラカット、アンヘレス、マルコット、クラークなどの飛行場が連なっている。

大西はマバラカット飛行場を訪れると、第201航空隊本部に入った。

司令の山本栄大佐は足の骨を折って海軍病院にいたことから、副司令の玉井浅一中佐が出迎えた。

「米軍は比島に上陸を始め、昨夕、大本営は捷1号（陸海軍による協同作戦）を発動した。まもなく日米の雌雄を決する大海戦が行われる。が、遺憾ながら第1航空艦隊の可動機は50機ほど。内地や台湾より増援がやってくるまで、敵の上陸を阻止しなくてはならん。最低1週間、敵空母の甲板を使用不可能にする手段はただひとつ。爆装の戦闘機でもって体当たりを敢行するしかない」

初めて特攻作戦が明かされた。大西は玉井に、

「できれば指揮官には大尉級の士官をつけるように」

と念を押した。

玉井は迷った末に、その日の深夜、関行男大尉を呼んで特攻の指揮官になってくれるように説いた。

関は海軍兵学校（第70期）を経て、この年1月、第39期飛行学生として実用機教程を終了していた。霞ヶ浦航空隊で操縦教官をしていたこともあり、実戦経験はほとんどなかった。だが、艦上爆撃機の腕は衆目の一致するところだった。出征前に結婚し、つかのまの新婚生活を送ったあと、戦闘301飛行隊の分隊長として着任していた。

10月20日早朝、第1航空艦隊司令部より特攻命令が下された。

正式名称は神風特別攻撃隊（一般に

敷島隊隊員
敷島隊は、隊長の関大尉をはじめ、谷暢夫、中野盤雄、永峰肇、大黒繁男の5人で構成されていた。皆、20歳前後の若者たちであった。（写真提供／近現代フォトライブラリー）

はカミカゼと呼ばれる）。江戸時代の国学者である本居宣長の和歌

敷島の大和心を人とはば
朝日に匂ふ山桜花

にちなんで、各隊は敷島隊、大和隊、朝日隊、山桜隊と命名された。

この日、アメリカ軍はレイテ島東海岸に上陸した。翌21日の夕刻、特攻隊に出撃が命じられた。関司令官は遺髪を玉井副司令に託した。

玉井は隊員1人ひとりに水筒に入った水を注いだ。ほかの搭乗員や整備士が「海ゆかば」を歌った。隊員は水を飲み干し、250キロ爆弾を付けた零戦の爆装機に乗り込んだ。全員が帽子を振って見送るなか、夕暮れの空に飛び立っていった。結果的に、この日は敵機動部隊に遭遇することなく全員が帰投した。

24日までの3回の出撃でもめざす空母は発見できなかった。この間、朝日隊と山桜隊はミンダナオ島のダバオへ、大和隊はセブへ移動した。

25日午前6時30分、朝日隊と山桜隊、新たに編制された菊水隊と合わせ、6機の特攻機が直掩機4機に護られてダバオを発進した。同時に大和隊の2機は直掩1機と共にセブを出撃した。

マバラカット基地では、松葉杖をついた山本司令が関大尉らを見送った。

午前10時30分、最初に艦爆の彗星が索敵のために離陸し、敷島隊5機が出撃、直掩の4機が飛び立った。

見送りを受ける特攻機
本土最南端の陸軍特攻基地、鹿児島県知覧基地にて。（写真提供／毎日新聞社）

午前11時50分、敷島隊は敵空母群の上空に達した…。

「敵機来襲！」

アメリカ軍の各空母は艦上機を収容中だった。即座に対空砲火を開始した。

1番機は火を噴いたが、巧みに操縦して空母セント・ローへ突っ込んでいく。空母の乗組員は血の気が引いた。ゼロファイター（連合軍の零戦の呼び名）は爆弾を抱いている。

次の瞬間、零戦はセント・ローの甲板に激突。機体は跳ねて海上に落ちたが、徹甲爆弾は甲板を突き破って格納庫で爆発した。空母は誘爆を引き起こして火柱をあげ、午前零時23分、沈没した。

空母カリニン・ベイにも2機が体当たりしたが、撃沈をまぬがれた。

これより前、午前7時40分ごろ、大和隊の1番機が空母スワニーに体当たりして大破させ、菊水隊も空母サンチーの飛行甲板に穴をあけた。

アメリカ軍は爆弾を抱いて体当たり攻撃をする日本軍に強い衝撃を受けた。特攻隊は連合軍の将兵に精神的なダメージを与えることになる。

日米の艦隊が激突したレイテ沖海戦は23日から26日まで、フィリピン周辺の海域でくりひろげられた。日本軍は機動部隊の千歳（ちとせ）、瑞鳳（ずいほう）、瑞鶴（ずいかく）、千代田の空母4隻をはじめ戦艦武蔵などを失った。一時は勝算もあったが、采配ミスにより起死回生のチャンスを逸（いっ）した。

最初の特攻隊は優れた指揮官により空母1隻を撃沈したが、全体では大きな戦果をあげられなかった。にもかかわらず、ここでも戦果を過大評価した上層部の判断により、海軍だけでなく陸軍も特攻隊を編制し、体当たり攻撃を続ける。

連合軍がクラーク・フィールドを占領したあとは台湾や沖縄、さらには鹿児島県の知覧（ちらん）（陸軍）、鹿屋（かのや）（海軍）など九州の各基地を中心に絶望的な特攻がくり返される。特攻機も新旧の戦闘機や爆撃機などほとんどの機種が使用された。

昭和20年（1945）8月15日正午、天皇陛下の玉音放送があり、日本は無条件降伏した。

数時間後、大分基地から彗星11機が沖縄方面へ飛び立った。中津留達雄（なかつるたつお）大尉が操縦する1番機には、第5航空艦隊司令長官の宇垣纏（うがきまとめ）中将が乗っていた。

3機は不時着したが、宇垣搭乗機らは沖縄本島北西の伊平屋島（いへやじま）で爆死した。中津留は妻帯者で、最初の特攻隊指揮官の関とは同期だった。

翌日、特攻隊生みの親と呼ばれる軍令部次長の大西瀧治郎中将が自刃（じじん）した。

実戦投入から5年、零戦は祖国のためと信じて戦い、散っていった多くの若者たちと共に死闘の歴史に幕をおろした。

だが、零戦にまつわる物語は時を超えて語りつがれ、戦争と平和の意味を問い続けている。零戦は今も色あせることなく人々の心のなかを翔（か）けている。

撃墜王・坂井三郎

「大空のサムライ」伝説に包まれたエースの真実

坂井三郎とはどんな男だったのか？

「おまえと別れるのは、おまえよりも辛いぞ」

激戦の続くラバウルで、重傷を負った坂井三郎に対し、友人が告げた言葉である。この台詞が、坂井三郎という人間を如実に物語っている。

坂井の技量を崇敬し、かつ坂井の人柄に惚れ込んだものは枚挙に暇がない。戦時中は戦友が、戦後は坂井と接した世界中の人々が、惚れた。惚れられるだけのものを、この漢は備えていた。

坂井は笑顔が愛らしかった。だが、ひとたび戦場に飛び立つや、くちびるをひきむすび、まなじりを決して敵に立ち向かった。そして撃墜王の称号を得てもなお慢心することなく戦い続けた。

しかし、坂井が胸を張って言いきるのは、初出撃の漢口空襲から最後の出撃となった東京湾沖迎撃戦まで約200回という驚異的な出撃回数ではなく、またそれにともなう大小64機におよぶ撃墜数でもない。

――自機の喪失と僚機の墜落がゼロであった

という、ただ一点である。

それくらいなら可能なのではないか、などと思いがちだが、決してそうではない。後にも先にも、その一点を成し遂げたのは、世界でも坂井三郎ただひとりなのだから。

写真提供／雑誌『丸』※本企画中記載のないものはすべて

「不撓不屈」の戦い

彼は生きることを決してあきらめなかった。
彼は立ち向かうことを決して恐れなかった。
これは世界大戦という未曽有の地獄を
強く生き抜いた、一人の飛行機乗りの物語である。

監修・文 **秋月達郎**
小説家。古代から近代まで幅広く題材を取り、ジャンルにとらわれず様々な分野の作品を発表している。主な作品は『天国の門』『海の翼』『奇蹟の村の奇蹟の響き』『真田幸村の生涯』『マルタの碑』『水晶島綺譚』『信長の首』、そして京極高次を描いた『蛍の城』。

そうした坂井とは、誰もが共に戦いたがった。

「坂井は、おれの隊にくれ」と、懇請した航空隊の隊長もいれば、「おまえの技術を若い連中に伝えてやってくれ」と、懇願した航空隊の司令もいる。

それだけ坂井三郎という操縦士の技量が群を抜いており、かつ誰からも頼られ、そして愛されたという証に他ならない。

坂井にはこんな信条があった。「いったん敵と空戦に入ったら、かならず相手を撃墜する」というものだ。飛行機同士の空戦は真剣勝負であり、負けた側に待っているのは戦死でしかない。だから、敵機と追いつ追われつの旋回勝負となったときなど、全身が圧力に痛めつけられながらも肉体の限界を超えて挑んだ。

――あきらめない。

そのひと言が、坂井の中で常に木霊していたのだろう。

しかし、そうした信条とは裏腹に、彼には歴戦の兵士らしからぬところも多々あった。

ある時、撃墜した敵機が墜落し、すぐ近くで落下傘の花が開いた。落下傘にはひとりの飛行士が吊り下がっていたが、がっくりと項垂れ、四肢はだらりと延びきっている。すでに死亡しているであろうことがありありと確認できた。坂井はその操縦士に心の中で掌を合わせ、こうつぶやいた。

「殺してしまい、申し訳ない」

坂井は7年間も大空で戦い続けたが、戦争が終わってもなお戦いは続いた。

みずから筆を取った回顧録『大空のサムライ』は海を越えてベストセラーとなった。後年、坂井は各地に招かれ、講演を行うようになった。そうした時も、坂井の舌鋒は鋭かった。名将と謳われていた将官――たとえば、山本五十六や源田実といった人々――についても、なんの遠慮もなく辛辣に批判した。その姿勢は、かつて空で繰り広げられた戦いとなんら変わることはなかった。

坂井の証言は、零戦という世界を席捲した名機の記録であり、一個人が見つめた戦争史であり、さらに日本が体験した未曽有の戦争についての〝最前線を生き抜いた兵士〟からの冷静な分析／批評となった。

こうした坂井の言論と文筆による戦いは、著書が刊行されたすべての国々で行われ、戦争を知らない若い世代の心に訴えかけ、決して大袈裟な言い方ではなく、息を引き取るその日まで続けられた。なぜなら坂井が他界したのは、米軍厚木基地で催された夕食会の帰路であったからだ。

――不撓不屈。

それが、坂井の座右の銘であったという。

漢口基地の坂井三郎
漢口基地に立ち、腕を組む坂井三郎。感熱服に身を包み、いままさに飛び立とうとしている。背後には九六陸攻が写っている。

大空のサムライ（英訳版）
『大空のサムライ』は世界9カ国に翻訳され、450万部の大ベストセラーとなった。英題は『SAMURAI!』 提供／三野正洋氏

困窮の中での少年時代
零戦との運命の出会いを果たす

飛行機乗りを夢見た不良少年

坂井三郎
昭和14年(1939)
愛機の日の丸をバックに。笑顔はあどけなく、これから待ちうける熾烈な戦いの運命をまだ知らない。

空への憧れが決めた軍隊への道

「クレヨンみたいだなぁ……」

真っ青な画用紙に、真っ白なクレヨンですうっと斜めに線を引く。クレヨンの白線はどことはなしに頼りなく浮かんでいるようで、濃いところがあるかとおもえば、薄いところもある。

まるでいまにもふわふわと漂い出し、千切れ崩れて真っ青な世界に溶け込んでしまうようにも見える。そう、飛行機雲は、白いクレヨンの線に似ている。

「俺も引いてみたいなぁ」

鍬を畑に突き立てたまま、農作業の合間に青空と白雲を見つめる少年がいる。

この飛行機に憧れてやまない少年の名は、坂井三郎。

大正5年8月26日、佐賀県佐賀郡西与賀村(現・佐賀市西与賀町)に生まれた。12歳のときに父を亡くしたため東京の叔父のもとへ引き取られ、青山学院中等部に進学したものの素行が悪く、佐賀へ追い返され、農作業の手伝いをさせられていた。当然、明確な将来図が描けるわけでもなかったが、ただ、どういうわけか速い物が好きだった。漠然と競走馬の騎手になってもいいなとおもったり、飛行機乗りになりたいなとおもったりしたのは、そうした速さへの憧れがあったからだろう。だから、毎日こんなことをおもった。

(海軍に入れば、飛行機を見たり触ったりできるかもしれない)

憧れは、人生を決める。

昭和8年5月1日、17歳となった坂井三郎は、周りの反対をふりきって海軍を志願し、佐世保海兵団に入団した。四等水兵である。とはいえ、すぐに希望どおり飛行機の搭乗員になれるわけではない。戦艦に配属され、砲手を命ぜられた。坂井がようやく念願を叶え、霞ヶ浦航空隊に入隊したのは昭和12年3月10日である。

操縦練習生から戦闘機操縦者となり、大村航空隊ならびに高雄航空隊を経て、昭和13年9月11日、中国は九江に進出していた第12航空隊に配属された。そして同年10月5日、初出撃。空襲目標は、事変の相手である中華民国軍の要衝となっている古都漢口。搭乗機は、三菱航空機の堀越二郎が開発設計した九六式艦上戦闘機だった。

坂井三郎は戦闘機の操縦者として、天賦の才を備えていたのであろう。この初出撃において早くも敵戦闘機を撃墜するという快挙を成し遂げている。

敵戦闘機はポリカルポフI-16。ソビエト連邦が世界に先駆けて引き込み脚を採用した低翼単葉の単発機だったが、しかし、ずんぐりむっくりとした寸詰まりな印象の木製戦闘機である。日本海軍初の全金属製低翼単葉機である九六式戦の敵ではない。とはいえ、いくら機体が優れていても、搭乗員の技量が乏しけれ

上海のアメリカ人居留民病院にて

病院の屋上には、日本軍の爆撃を避けるために大きな赤十字マークと、星条旗がペンキで描かれていた。腰かけて一枚、昭和14年11月。

中国の山岳地帯を飛ぶ九六陸攻

昭和14年頃、中国大陸奥地へ向かって、山岳地帯を飛ぶ九六式陸攻編隊。見渡す限りの峻嶮な山々が、靄の中に浮かび上がる。

中国戦線での転戦

中国内陸部での坂井の戦いを追った図。九江(①)からさらに奥地へと向かう。中国戦線後は台南での戦い(②)へ。

当時の中国基地近辺の様子

南小基地に近辺の中国人たちが集まり、食糧を求めている。基地ではささやかな食料を分配した。子供も多く混じっている。

試飛行中の零戦

昭和16年8月。零戦に乗って試飛行中の坂井。揚子江上空を飛んでおり、右下には漢口の街並みが映っている。

ば豚に真珠となってしまう。その点、坂井はすでに申し分のない技術を身に付けていた。

さらに坂井は二等航空兵曹に昇進したばかりの頃に、戦闘機のみならず爆撃機までも撃墜している。坂井の腕が、いかに卓越していたかがよくわかる。

場所は漢口基地近くの宜昌上空8000メートル。敵機は、ツポレフSB爆撃機。双発単葉3人乗りの高速爆撃機である。スペイン内戦で見事な働きをして「カチューシャ」という愛称まで貰ったスターリン自慢の爆撃機だったが、これも坂井の敵ではなかった。

こうして着実に技量と信頼を伸ばしていった坂井に、まもなく転機が訪れた。

——内地に帰還し、大村航空隊への配属を命ず。

昭和15年6月、坂井は、中国大陸に一旦の別れを告げた。

坂井が、運命ともいうべき出会いを果たしたのは、それから2カ月後の夏8月だった。

うだるような暑さと耳を聾するような蝉の声に包まれる中、坂井は横須賀航空隊で行われた講習会に出席した。戦闘機の新たな機種が眼の前に引き出されてきたその時、坂井だけでなく、横須賀に足を運んできた搭乗員たちは一斉に声をあげた。そこには芸術的なまでに美しい戦闘機が佇んでいたからである。

「零式艦上戦闘機、である」

と、坂井らは聞かされた。

皇紀2600年(昭和15年)に制式採用されたために「零式」という切りのよい名称を与えられたこの戦闘機は、当時のどの国の戦闘機よりも抜きんでた性能を誇っていた。正に世界に冠たる戦闘機だったわけだが、その2カ月後、坂井はこの優美な機体に乗り込むこととなった。

同年10月17日、高雄海軍航空隊に異動することとなった際、坂井らは名古屋で零戦を受け取り、鹿屋基地を経て台湾まで空輸するよう命ぜられたのである。

ついに零戦の操縦桿を握った坂井は、雄々しく大空に飛揚し、南へと針路を取った。そのときのこと。眼下に九州が見え始めたとおもった瞬間、雲が切れた。

「おお」

視界すべてが青一色となっている。

「クレヨンだ……」

レシプロエンジンが心地よい排気音を響かせ、大気中の水蒸気を凝固させながら真っ白な雲を作り出し、長い長い尾を引いている。坂井は、足元に広がる故郷を鳥瞰した。鍬を手に飛行機雲を見上げた少年の日、まさか自分が世界最強の戦闘機に乗り込みながら真っ青な空に一条の白線を引くことになるとは思ってもみなかった。

憧れは、人生を決める。

坂井がこの名機による初撃墜を遂げるのは、翌年8月11日のことである。

台南、フィリピン、インドネシア……
激闘の中で坂井はさらに腕を上げていく

無敵のゼロファイターがアジアの空を制する

B-17を撃墜する坂井機
重装備と厚い装甲を誇ったB-17は、米軍が自信を持って送り出した当時最強の爆撃機であり、坂井の快挙は米軍に動揺を与えた。

太平洋戦争が開戦 過酷な自己鍛錬の日々

「してやられた……っ」

坂井三郎は、憤懣を吐いた。

昭和16年12月8日——。

台湾の台南基地で、坂井をはじめとする台南海軍航空隊の搭乗員たちは、ハワイ奇襲の報せを聞いた。その瞬間、いうにいわれぬ複雑な気分になった。たしかに真珠湾への奇襲が成功したという捷報は嬉しいものだったが、一方でものすごく不機嫌にもなった。

——なんとしても一番鑓を。

と発奮していたにもかかわらず、現実には飛び立つことすら叶わなかったからだ。


この開戦の日、坂井たちの攻撃目標とされていたのは比島（フィリピン諸島）マニラにある米軍クラーク・フィールド基地だった。しかし午前4時、おりからの濃霧のために待機を命ぜられ、ただ他の戦線の戦況を聞くよりほかになかった。憤懣を滾らせるのは無理もなかったろう。しかし、遅ればせながら、坂井らもまた出撃の時を迎えた。

午前10時、54機の一式陸攻による爆撃隊が離陸し、続いて45機の零戦隊が護衛に立った。そして燃え上がる闘志のまま、800キロを渡洋し、駐留する米陸軍航空隊の基地をめざした。


坂井らは、運が好かった。

なぜなら、真珠湾が攻撃されるとともに米軍戦闘機は比島空襲を予想し、上空に飛揚して迎撃体勢を整えていたのだが、6時間も待たされたために燃料が乏しくなり、補給をするべく、いったん着陸していたからだ。坂井らの大編隊が比島の空に吶喊したのは、まさにそうした状況でのことだった。


迎撃のために舞い上がった米軍機は、カーチスP40ウォーホーク5機。

坂井は日米機初の対戦に武者ぶるいし、地上への機銃掃射も束の間、急旋回を敢行した。そして、死角となる敵機の左翼下へ飛び込むや、零戦の凄まじい旋回性能に驚くP40めがけて20ミリ機銃を撃ち込んだ。敵機の風防が瞬時に弾け飛んだかとおもうや、錐揉み状態となって墜落していった。

（やった……っ）

米軍機を相手にした最初の撃墜だった。坂井の世界を驚嘆させる空の戦いは、この日から始まったといっていい。


さらに坂井は開戦3日目にして、早くも大金星を挙げている。米陸軍が「空の要塞」と自慢していたB－17に遭遇し、これを撃ち落としたことだった。

実際のところ、この大型高速爆撃機は「戦闘機では絶対に撃墜できない」と内外で認められていた世界でも指折りの代物だった。それを証拠立てるかのように、5つの砲塔には2挺ずつ13ミリ機銃が据え付けられ、死角は一切なかった。こうした凄まじい武装はそのまま米軍側の過

CG制作／後藤克典

信となり、戦闘機の護衛もつけずに日本側の艦船へ迫り、爆撃を敢行しようとしていた。この化け物のような敵機に、坂井は牙を剥いた。

横殴りの雨のような機銃掃射の中、

――こなくそっ。

とばかりに操縦桿を握り、機体を敵の攻撃に曝しつつ後方から肉迫追尾し、斜め下方へ潜り込むや、20ミリ機銃を全弾撃ち込んだ。

狙いは過たず、右翼タンクに命中した。B－17は右側から黒々としたガソリンを噴き出させ、一挙に高度を下げた。まちがいなく墜落してゆくだろう。

（おっ）

落下傘が3つ、南洋の真っ青な空に飛び出し、風を孕んだ。

（仕留めた……っ）

心の中で叫んだときには、すでにB－17は黒煙もろとも密雲に突っ込み、ルソン島の原生林へと落下していった。坂井は雀躍して台湾へ帰還したが、以後、日本軍の南下は留まるところを知らず、わずか1週間で比島内の米軍機は潰滅させられた。当時、比島の航空兵力は約300機であったらしいが、これらの米軍機の中で零戦に勝てる機種は存在しなかった。

ちなみに――。

戦線の南下に伴ってインドネシア方面を転戦してきた坂井の懐には、常に吉川英治の著作『宮本武蔵』がお守りのように

マニラ攻撃命令が下った瞬間

昭和16年12月8日。真珠湾攻撃の当日。第三海軍航空隊零戦隊にマニラ方面攻撃出発が下令された、その瞬間をとらえた一枚。

当時の坂井

太平洋戦争が勃発。坂井は零戦に乗ってフィリピンへ。さらに南下し、アジアの制空権をめぐる戦いに突入していく。

台南から南下する戦線

零戦の連戦連勝によって、戦線はさらに南下していく。フィリピンを超え、ついにはインドネシアのバリへと到達する。

インドネシア バリ島

当時のインドネシア、バリ島の風景。赤道直下の島国だが、温暖で、温泉にも恵まれていた。昭和17年（1942）。

抱えられていた。坂井は、武蔵のごとく自身を鍛え上げようとしていた。生と死を分かつ空中戦は、巌流島などと同じく真剣勝負である。負ければ、死ぬ。死なないためには、おのれを鍛えるしかない。

（まず、鍛えなければならないのは、眼だ）

空中戦で有利な立場を得るには、先に相手を発見するしかない。眼を一番に鍛え、さらに反射神経を鍛え上げれば、視認した情報がより早く指先に伝達され、戦闘機を迅速に操り、そして敵を射撃することが可能になる。

（眼を徹底的に鍛えるには、昼間の星を見ることだ）

武蔵の修行なみに信じられないような話だが、坂井は実際にそこまで眼を鍛え上げた。

朝起きるや、すぐに窓外の緑を数分間、見続ける。山の樹木の細かい枝ぶりがはっきり見えるまで眼を凝らす。飛ぶ鳥の数を数え、街にある看板の文字を読む。さらに野に転がって青空の一点を睨み続けていると、ふと、その点から横に視線を振るや、芥子粒のような小さな光が見えるようになる。これが昼間の星である。さらに眼を鍛えると、大気の澄んだ日には、その光点の周辺に無数の小さな瞬きまで見えるようになった。視力は2・5から3にまで達したという。自らを過酷なまでに鍛え上げることで、坂井はこの時期、目ざましく腕を上げていった。

地獄のラバウルでの激闘の日々

最前線ラバウル。そこでは戦友たちとの出会いと別れが待っていた！

ラバウルのトップエースたち

昭和17年（1942）の一枚。右から、前列「ラバウルの魔王」こと西澤、太田。後列に坂井と、その友人であり上司だった笹井、高塚。

生きるか死ぬか その狭間で輝く命の光

「なにをしとるかっ」

この大声は、坂井三郎の操縦術の弟子にして海軍の上官となる笹井醇一のもの。怒鳴られているのは、西澤広義、太田敏夫、そして坂井という海軍きっての戦闘機乗りたちである。

彼らが叱責を食らう羽目になったのは、敵基地の上空において3回転の宙返りを披露してみせたからだ。

敵の見上げる真っ只中で鍛え抜かれた腕前を披露したのは、ほかでもない、昂揚感に包まれた限りない自負と矜持によるもので、自分たちはどこまでも戦い抜いてみせるという覚悟を敵方に示したつもりだった。ところが、笹井はそうした坂井らの行動を認めない。

「畏くも陛下より賜った貴重なる零戦を、きさまらは玩具かなにかとおもっておるのか」

「玩具などとは、とんでもない」

坂井は、神妙に答えた。玩具どころか、おのれの分身のように丁寧に扱っている。いや、それ以上のものと考えている。いうなれば、武士にとっての剣のようなものだ。すなわち、魂である。ないがしろに扱うはずもない。しかし、いつ死ぬかわからない張りつめた緊張の中で、坂井は自らの思いを放たずにはいられなかったのだ。

坂井は、ごく稀にではあるが、自分の

3回転する坂井、西澤、太田機

「ラバウルの三羽烏」と呼ばれた、名手達の3機による3回転。ぴたりと動きを合わせて一度成功させた後、さらに高度を下げて敵基地に接近しもう一度繰り返してみせた。目撃した米軍兵士達も舌を巻き、感心したという。

ラバウル周辺基地地図

ラバウル、ラエ、そしてガダルカナル。この辺りが第二次世界大戦における日本軍の、まさに最前線であった。

ラバウルの風景

昭和17年7月。ラバウル戦闘機隊基地。零戦の胴体の下をくぐる形で、ラバウル名物である火山を望む一枚。

判断を軍規に優先させることがあった。そして、その最たるものは、戦後数十年が経つまで明かされることはなかった。

　昭和17年初頭――。

　蘭領東印度すなわち蘭印。

　ジャワ島の敵基地をめざしていた坂井の眼は、敵偵察機を発見した。

（撃ち墜とすっ）

　坂井はただちに味方編隊から離れて敵機に急接近し、これを撃墜した。すると、坂井の眼はさらに別なものを捉えた。蘭軍の大型輸送機DC－3である。軍人および民間人を乗せたものに間違いなかった。輸送機の脚は鈍い。たやすく撃墜できるだろう。ところが、坂井はこう疑った。蘭印の重要人物が乗っているのではないか。

（ならば、生け捕りにするべきだ）

　そう判断するが早いか、坂井は翼を閃かせて輸送機の横に並んだ。味方基地まで誘導するためだったが、まさにそのとき、輸送機の窓に人影が見えた。それも、女性の顔だ。急接近してきた零戦の恐怖に竦み上がった従軍看護婦とその娘のようだった。むろん、坂井とは縁もゆかりもない乗客だったが、おもわず、はっとした。

（マーチン先生……）

　青山学院の中等部で英語を教えてくれた米国夫人によく似ていた。

（捕縛は、できない……）

　坂井は蘭印機の操縦席をめがけ、たがいの表情が確認できるまで接近し、指先で「早く去れ」と指示した。蘭印機の操縦士は見逃そうとする坂井の行為に驚きつつも、咄嗟に感謝の色を浮かべ、舵を切った。坂井もまた転舵し、その場を離れた。

　帰投後、坂井は上官の笹井に対し、このように報告している。

　――敵機を追捕せんとするも、雲中に見失えり。

　当時の日本海軍において敵国機と遭遇したにもかかわらず、攻撃しなかったばかりか逃亡まで許すなどというのは、明らかな背命行為である。どのような理由があろうとも、当然、軍律違反は重罪となる。そのため、坂井はこれについて固く沈黙を守った。だが、終戦から半世紀経った頃、考えをあらためて、ある講演会で告白した。

　すると、思いもよらないことが起きていた。ちょうど同じ頃、機内で娘を抱きしめていた元看護婦の母親が、わたしたちを見逃してくれた日本の搭乗員に会いたいと、赤十字などを通じて坂井を照会していたのである。

　こうして坂井と彼女は奇蹟的な再会を遂げて互いの無事を喜び合った。

　坂井には、時に軍規を破ってでも守るべき何かがあった。それはいわば大空で戦うサムライとしての意地であり、矜持とでも言うべきものではなかったか。

被弾しながらも飛び続ける坂井機
1000キロにも及ぶ長距離、それも何の目印もない海上を、坂井はたった1機で飛び続けた。まさに奇跡の生還であった。

俺は絶対に死なない！
瀕死の重傷を負いながらも、大海原を飛び続けた

ガダルカナル島上空で被弾！ 決死の1000キロ飛行

度重なる訃報 坂井もまた死線をさまよう

対米戦の天王山は、ガダルカナルの戦いであったといわれる。

遙かなる南洋、ソロモン諸島中にある蚕豆のような形をしたこの島に、日本海軍は昭和17年5月3日、飛行場を建設した。以来、昭和18年2月9日にいたるまで、この島は激戦と飢餓の地獄となり、坂井三郎の同僚の多くもかの地に散った。およそ1年にまたがる死闘によって死傷者の数は日本軍が2万4000名、米軍が6000名を数えたというのだから、その凄まじさは推して知るべしだろう。当時、坂井らの航空隊が拠点としていたラバウルから、ガダルカナルとの往復は2000キロにおよんだ。

気の遠くなるような長距離飛行だ。

そこで空中戦を繰り広げたのだから、当然の結果として、搭乗員たちの疲労は甚だしく激しいものとなり、集中力の低下によって次々に撃墜されていった。坂井が弟のように可愛がっていた本田敏秋二飛曹の悲劇も、そうした中で引き起こされている。

本田は昭和17年5月13日、ポート・モレスビーまで偵察に赴いた際、キド付近においてP－39数機と遭遇。空戦におよび、被弾自爆したのである。ラエへ帰着した半田亘理飛曹長からそのあらましを聞いた坂井は、あたりを憚ることなく慟哭した。本田は、微笑みを絶やさぬ色白の好青年であり、同僚の誰からも愛されていた。それが一瞬にして粉々になってしまったのだ。坂井にとってみれば身を引き裂かれるように辛い現実だった。

坂井が西澤広義や太田敏夫と図って、ポートモレスビー・セブンマイル飛行場の上空において3回連続の宙返りを披露したのは、本田が大空に散ってからわずか3日後のことであった。全身に満ち溢れる戦意と自信ゆえのことでもあったが、可愛くてならなかった本田を失った激情によるものでなかったとは決していえない。

こうした悲劇はほとんど毎日のように彼らに襲いかかっていた。

そのような消耗戦を強いられながらも、坂井は人並み外れた成績を残している。後にソロモン航空戦と呼ばれる一連の戦いでの撃墜数は実に34機に及んだ。これは神業というに等しい。

さらに本田の死から3カ月後には、もはや奇蹟に近いような飛行をやってのけた。瀕死の重傷を負いながら、1000キロの長距離を帰投したのである。

8月7日、ガダルカナル上空。連日の作戦に疲れ切っていた坂井は、敵の爆撃機を戦闘機と見誤り、不用意に接近してしまった。戦闘機であれば後ろについた途端に勝利を確信できるのだが、爆撃機ダグラスSBDドーントレスの後部には旋回連装銃座がある。しかも敵数は8機、合計16挺の機銃が火を噴いた。機銃

笹井から贈られたバックル

内地へ戻されることとなった坂井に、笹井は「貴様と別れるのは、貴様よりつらいぞ」と語る。その際、手渡されたというバックル。

瀕死の坂井、帰還の瞬間

ガダルカナル上空で被弾した坂井は、瀕死の重傷を負いながら帰還する。これはその帰還の瞬間を映した一枚。（※）

病院にて療養中の坂井

昭和17年9月。横須賀海軍病院で療養中に台南空の搭乗員藤林と再会。記念の一枚。まだ右目は深手から癒えていなかった。

ラバウル、ガダルカナル間の地図

ラバウルからガダルカナルまではおよそ1040キロ。これはほぼ本州を斜めに縦断する距離に相等。

弾が横殴りの嵐のように坂井機に襲いかかり、坂井自身も被弾した。風防眼鏡を銃弾が貫き、野球のバットで頭をぶん殴られたような衝撃とともに頭から血が噴き出し、右目が見えなくなった。意識が朦朧とした瞬間、にわかに痛みが消え、不思議なことに居るはずもない母親の声が聴こえた。

〝三郎、そのくらいの傷で死ぬのか。この意気地なしっ〟

母親の激励に覚醒した坂井は、死を覚悟しながらも生きようと足掻いた。

「スロットル・レバーを……っ」

ところが、左手がいうことを聞かない。左足もだ。まるで動かない。どういうことだと右手を伸ばして、痛む頭に触れた。血と肉が毀（こぼ）れ出して寒天のようだ。顔も腫れ上がり、乾き始めた血で覆われている。その上へさらに噴き出た血が伝い落ちてくる。放っておけば、まちがいなく出血多量で死ぬ。ちからを振り絞ってナイフを取ってマフラーを切り、形ばかりの止血を試みた。が、間に合わない。これまでか……っ。

「いや、待て」

宮本武蔵に憧れておのれを鍛えてきたのはなんのためだ。なんのために昼間に星を見ようと努力したのだ。ここで死ぬわけにはいかない。駄目だとおもってから、どれだけ力を発揮できるかで、勝敗は決まる。まだ負けていない。最後の血を奮いたたせろ。頑張れ。

「負けるものかっ」

驚くべきことが起こった。無意識のまま右手で操縦桿を握り、海面に向けて急降下していた機体を水平飛行にまで回復させたのだ。あとは、飛行機乗りの勘に頼った。ガ島からラバウルまでは1000キロ。だが、毎日のように通い詰めた航路ではないか。

「帰れる。帰ってみせるぞ……っ」

坂井は絶望に打ち勝った。そして4時間後、見事、ラバウルへの生還を果たしている。なお帰還後、坂井は駆け寄る僚友たちを制して、上官に戦果の報告に向かった。そして報告が終わると、血だらけのまま自らの足で医務室へ向かったという。

※こちらの写真の著作権所有者の連絡先をご存知の方は、歴史人編集部までご一報下さい。

戦局は絶望的となり、硫黄島で坂井は特攻を命じられる。やがて終戦が訪れる

硫黄島、最後の戦い。そして戦後は言論の場へ

坂井、最後の戦い
すでに右目に戦闘機乗りとして致命的な傷を負っていた坂井だが、自ら志願して戦場へと戻る。戦争は終わりを迎えようとしていた。

突然の特攻命令に坂井は……終わらない戦いの行方

内地養生の後、坂井三郎が最前線に復帰したのは、昭和19年6月22日。

日本軍はアメリカ軍にサイパン島への上陸を許し、またマリアナ沖海戦では目も当てられないほどの惨敗を喫した。いよいよ戦況は逼迫しつつあった。そのような中、横須賀海軍航空隊に配属されていた坂井は、本土防衛の最後の砦ともいうべき硫黄島に派兵された。

最初の出撃は、早くも2日後に到来した。

敵は、3隻の正規空母を従える機動部隊で、来襲した敵戦闘機はグラマンF6Fヘルキャット戦闘機70機。これに対し、坂井らは57機の戦闘機をもって迎撃に上がり、熾烈な空戦に入った。

しかし、坂井は問題を抱えていた。ガダルカナル沖の被弾により右目の視力を喪失していたのだ。つまり、右斜め後方に死角ができる。

「こなくそっ」

隻眼(せきがん)を補うため、何度も右後方を振り返りながら戦った。驚嘆すべきことには、このとき坂井はたちまち2機の敵機を撃墜し、さらなる敵を求めて奮迅、戦闘のなかば過ぎには15機の敵機を相手どりながらもまったく怯まずに戦い続けた。こうした鬼のような戦いぶりに恐れをなさない筈がない。米軍は坂井の技量に舌を巻き、明らかに戦慄した。防御陣形をとり、遠巻きに避退しつつ一気呵成に攻め掛かり、集中砲火を浴びせようとしたが、そのたびに坂井は機を巧みに操縦してかわし続けた。この空戦は45分という信じられないような長さを記録したが、戦後になって世界の戦闘機乗りたちが鳥肌を立てたのは空戦の長さではない。

坂井機が、ただの一発も被弾しなかったことである。

しかし、どれだけ坂井の個人技が卓越していようとも、米軍の物量には勝てない。戦況はさらに悪化し、昭和20年7月5日、坂井は耳を疑うような訓示を受けた。

「一丸となって全機、敵航空母艦の舷側に体当たりせよ」

特別攻撃すなわち特攻である。

（できるはずがない）

坂井の誇りは、自機と僚機の損失がゼロであることだ。

（絶対に、できない）

坂井は誇りに従った。

ひとたび敵艦隊をめざして出撃したものの中途で反転し、小隊をひきいて帰還の途に就いた。方角もわからぬ上に日没の迫る中の帰投だったが、坂井小隊は熟練した飛行機乗りだけが備えている勘を頼りに、ほぼ奇蹟的な生還を果たした。だが、もはや硫黄島は風前の灯火というに近かった。情け容赦のない攻撃の中、坂井は死にゆく僚友たちに末期の水を呑ませて回った。水を口にできたものは「あ

かつてのライバル達との邂逅

かつて極東空軍だったフランク・カーツ大佐。零戦に乗った坂井が、B17を撃墜する様子を目撃した。当時の戦闘の記憶を語り合う。

手厚く迎えられた戦後の米軍基地訪問

昭和29年。かつてのエース坂井は厚木米海軍基地を訪問。司令官リー少将に手厚く迎えられる。

訪米、そして久しぶりの空へ

1987年7月、ワシントン州の航空ショーでのひとコマ。「71歳の零戦パイロットがみごとなスタントをやった」と関係者を驚かせた。

老いてなお盛んだった晩年

晩年は雑誌のインタビュー、テレビの討論番組などにも登場し、自身の哲学に基づいた持論を語った。

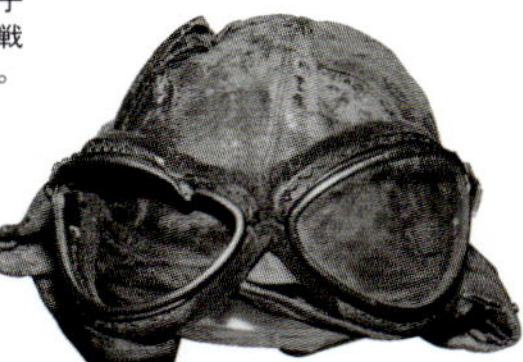

坂井のヘルメット

坂井が戦時中に、実際に使用していたヘルメット。激戦の日々を偲ぶことができる。写真提供／近現代フォトライブラリー

あ、うまい」といって死に、水を口にできなかったものは「水、水……」といって死んだ。

　まもなく、坂井たちは陸攻で硫黄島から木更津へ向かった。新しい飛行機を整備して再び戻ってくるという命令だったが、もはや本土周辺の空しか、彼らの守るべき領域はなくなりつつあった。木更津に着くや坂井は水道に飛びつき、水とはこんなにうまいものかと実感しながらむさぼり呑んだ。このときの感慨を、坂井は自著の末尾に語っている。

『いまこうして、内地の冷たい水を腹いっぱい飲んでいる自分たちと、4時間前に別れてきた硫黄島の戦友たち——末期の水さえ充分に飲めない戦友たちとの、運命のひらきの大きさを、どう考えたらいいのか、私は迷うばかりだった』

　昭和20年8月15日終戦——。

　しかし、坂井の戦いは終わらなかった。坂井はその2日後の17日、伊豆諸島沖へと侵入してきた米軍爆撃機を迎え撃っている。坂井は新型戦闘機紫電（しでん）には脇目も振らず零戦に乗り込み、大空へ舞い上がった。この時の戦死者が、この戦争における米軍最後の戦死者となった。

　戦後、坂井は海軍時代の経験をまとめた著作を発表した。

　——坂井三郎空戦記録。

　後に改訂されて「大空のサムライ」と題された。

　本著は日本のみならず「SAMURAI!」という題名で、かつての連合国でもベストセラーとなり、一気に坂井三郎の名は世界中を翔けめぐることとなった。以後は、国内はおろか各国に招かれ、みずからの体験を元にした「戦争」を語り続けた。

　坂井が天寿を全うしたのは、平成12年の9月22日である。

　その日、厚木にある米軍基地では、とある夕食会が催されていた。西太平洋艦隊の航空司令部が設立されて50周年になるという記念祝賀会で、坂井はそこに招かれた。宴があらかた終わりかけた際、立ちくらみを憶えて横になり、多少の休みをとってから基地の近くにある綾瀬市の病院まで救急車によって搬送された。そこで検査を受けたが、血圧が低いことのほかはこれといって異常は見られなかったらしい。

　ところが、午後10時を回りかけた頃、主治医にこう尋ねた。

「眠ってもよいか」

　医師はうなずき、

——ゆっくりお休みください。

と答えたが、それからすぐに行われた脳の検査中に容態が急変し、呼吸が停止した。

　時に、午後11時50分。

　坂井は、こう言っている。

『大空のサムライとは、わたしのことではない。空で戦った多くの敵味方を問わない兵士たちのことなのだ』

ラバウル航空隊と不屈のエースたち

海軍最強として名を馳せた、伝説の航空部隊の死闘を辿る

零戦を駆使し、連合軍との熾烈な戦いを繰り広げた伝説の部隊、ラバウル航空隊。そこには撃墜王と呼ばれ、物量に勝る敵軍から畏れられたエースたちがいた。南東の空で命を賭して戦い続けた彼らの信念とは？

監修・文／武田信行
昭和14年生まれ。兵庫県三木市在住。主な著書に、太平洋戦記『最強撃墜王―零戦トップエース西澤廣義の生涯』（光人社）、ノンフィクション『ジュンちゃんへ…戦争に行った兄さんより』（風媒社）、同『蒼穹の彼方で―撃墜王・西澤廣義の面影を追って』（電子書籍・iPad）など。

昭和17年（1942）8月4日、ラバウル東飛行場で台南航空隊の搭乗員を撮影したもの。3列目左から7番目が坂井三郎一飛曹、同8番目が西澤廣義一飛曹。写真提供／武田信行

歴戦の猛者たちが集う「ラバウル航空隊」誕生

ハワイ奇襲の後、本国に帰っていた南雲機動部隊は昭和17年1月、ニューブリテン島攻略部隊を支援するため、トラック島へ進出してきた。南雲機動部隊が擁する4隻の空母のうち「瑞鶴」の戦闘機隊（零戦）には岩本徹三一飛曹がいた。

トラック島を出た南雲機動部隊は1月18日から22日にかけて、4隻の空母から搭載機を発進させ、ニューアイルランド島のカビエン、ニューブリテン島のラバウル、さらには東部ニューギニアのラエ、サラモアなどを空襲し、陸軍南海支隊や海軍陸戦隊などによる攻略作戦を援護した。

これら攻略部隊によるカビエン、ラバウルの攻略は1月22日に開始され、23日にはカビエン飛行場、ラバウル西および東飛行場とも占領が完了した。

1月25日、トラック島竹島基地で満を持していた千歳空戦闘機隊（九六艦戦）に対してラバウル進出命令が下った。この千歳空には、ルオット基地で開戦を迎え、ウェーク島の攻略後に竹島基地に進出してきた西澤廣義一飛曹がいた。

1月31日、岡本晴年大尉率いる16機の千歳空戦闘機隊は、悪天候を避けて立ち寄ったカビエン飛行場を飛び立ち、火山が噴き上げる噴煙を横目で見ながらラバウル東飛行場に着陸した。

着陸してきた千歳空の隊員たちを駐機場に誘導してくれたのは、一足先にパラオ諸島のペリリュー基地からラバウルへ

南方海域で活躍した空母翔鶴（手前）と瑞鶴（奥）。ここから多くの零戦が飛び立ち、未曾有の活躍を見せた。写真提供／毎日新聞社

地図作成／ジェオ

進出してきていた河合四郎大尉率いる一個中隊13名の戦闘機隊（九六艦戦）の隊員たちであった。

河合隊13名はそのまま千歳空に編入され、岡本大尉を飛行隊長として九六艦戦29機からなる千歳空戦闘機隊が編成された。ほぼ同時にラバウル港に横浜航空隊の水上機基地も開設され、ここラバウルに日本軍最初の「ラバウル航空隊」が誕生した。

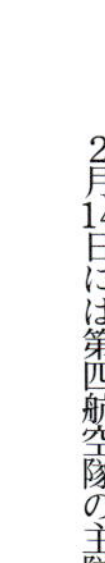

日本軍のラエ進出により南方戦線は熾烈を極めていく

昭和17年2月10日、トラック島で第四航空隊が編成され、ラバウルの千歳空戦闘機隊はその第四航空隊に編入されることになったため、第四航空隊戦闘機隊と名称が変わった。

2月14日には第四航空隊の主隊である陸攻隊もトラック島から森玉司令に率いられて順次ラバウル西（ブナカナウ）飛行場へ進出してきた。

17日には第四航空隊所属の空母「祥鳳」が零戦6機をラバウルへ運んできた。千歳空で練習用に使用していた3機の零戦と合わせて9機となった。

四空戦闘機隊の零戦の援護が可能となったため、24日、ニューギニアの連合軍基地ポートモレスビーに9機の陸攻隊が初めての攻撃をかけることになり、四空の零戦8機がこれを援護して出撃した。連合軍もまさか日本軍の空襲があるとは予期していなかったのか、邀撃も地上砲火もなく全機無事に帰還した。

昭和17年3月8日、日本陸軍はニューギニア東岸のラエ、サラモアに上陸、占領した。ラエにあった飛行場が確保され、整備が済むと、3月10日には早くも四空戦闘機隊に対してラエへの進出が命ぜられた。

こうしてラエに進出した西澤たち四空戦闘機隊は、ラエの南に連なるオーエン・スタンレー山脈をはさんで僅か300キロ余りしか離れていないポートモレスビー連合軍基地と対峙することになった。

この時からラバウル航空隊と連合軍航空隊との激しい航空戦が繰り広げられることになった。そして、4月にバリ島から台南航空隊がラバウルへ進出してくると、四空戦闘機隊は台南空に編入されることになった。

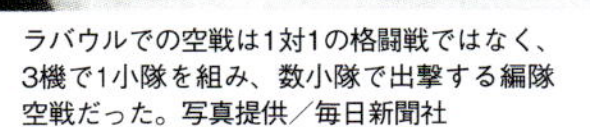

ラバウルでの空戦は1対1の格闘戦ではなく、3機で1小隊を組み、数小隊で出撃する編隊空戦だった。写真提供／毎日新聞社

激戦のラバウルで圧倒的撃墜数を誇る

“ラバウルの魔王” 西澤廣義

西澤廣義
- 公認撃墜数86機
- 非公認撃墜数150機
- 生没年／大正9年（1920）1月27日～昭和19年（1944）10月26日（享年24）
- 出身地／長野県
- 軍歴／昭和11年（1936）～昭和19年（1944）
- 最終階級／海軍中尉

飛曹長任官時

飛曹長に任官した頃。激戦のラバウルでトップクラスの撃墜数を誇った西澤は「ラバウルの魔王」と呼ばれた。写真提供／武田信行（以下同）

台南空の猛者たちがラバウルへ上陸

台南航空隊がバリ島から貨物船・小牧丸でラバウル港に着いたのは、昭和17年4月16日のことであった。

ほぼ同じ頃、ラバウルからほど近いブカ島の沖合いに特設空母・春日丸が真新しい零戦を積んで到着した。

台南空司令は斎藤正久大佐、副長が小園安名中佐、飛行隊長に中島正少佐、そして、隊員には先任搭乗員の坂井三郎、笹井醇一中尉、太田敏夫二飛曹など、錚々たるつわものたちが揃っていた。

彼らを迎えてからの台南空の戦果には目を見張るものがあった。元四空の連中もやる気満々の台南空搭乗員に刺激されてか、ますます闘志を燃やして戦いに臨んだ。

台南空の先任搭乗員は坂井一飛曹で、西澤廣義が次席を務めることになり、ここラバウルとラエを基地として、日本海軍最強の航空隊が出来上がっていった。

当時の台南空搭乗員たちを撮った写真のうち、特に有名なものの一つに「ラバウルにおける台南航空隊下士官搭乗員（昭和17年7月）」というのがある。それは当時活躍した下士官搭乗員たちの集合写真で、西澤の実家に遺品として残っているアルバムの中にもこの写真があった。それだけではない。西澤はその写真の裏に直筆で自分も含めた下士官たちの名前を書き込んでいるのである。

　この裏書の右端には見出しとして「南空の勇士」と大きな字で書かれている。「南空」とは、言うまでもなく、台南空のことで、彼らは日頃、自分たちの航空隊をそう呼んでいたようである。

　また、この見出しをみると、西澤がこれら下士官搭乗員たちのことをそれぞれ優れた力量を持った立派な「勇士」たちであることを認めていたのが分かる。

　この裏書に書かれている下士官たちの名前を見ると、すべて姓だけが呼び捨てにされているのに、先任搭乗員の坂井一飛曹だけは「坂井さん」と書かれている。戦闘機乗りとして腕に覚えのある西澤ではあったが、優れた戦闘機乗りとして尊敬する坂井先任だけは日頃から敬意と親しみを込めて「さん」付けで呼んでいたようだ。

　集合写真の後列左端が西澤であるが、裏書を見ると、「予」（ヒゲに着目）となっている。「予」（自分のこと）という古めかしい言葉を使い、「ヒゲに着目」などと書くところは西澤の茶目っ気の一面を覗かせているようだ。このころにヒゲを生やし始めたのだろう。

「坂井さん」の隣に座っているのが太田敏夫二飛曹である。彼は操練46期の卒業で、台南空の中では抜群の技量の持ち主であった。西澤や坂井先任、笹井中尉に次ぐトップエースの一人で、17年10月21日にガダルカナル攻撃に出撃して戦死するまでに34機撃墜の記録を持ち、ポートモレスビー上空で坂井先任と西澤の3人で編隊宙返りを繰り返してみせた話は有名である。

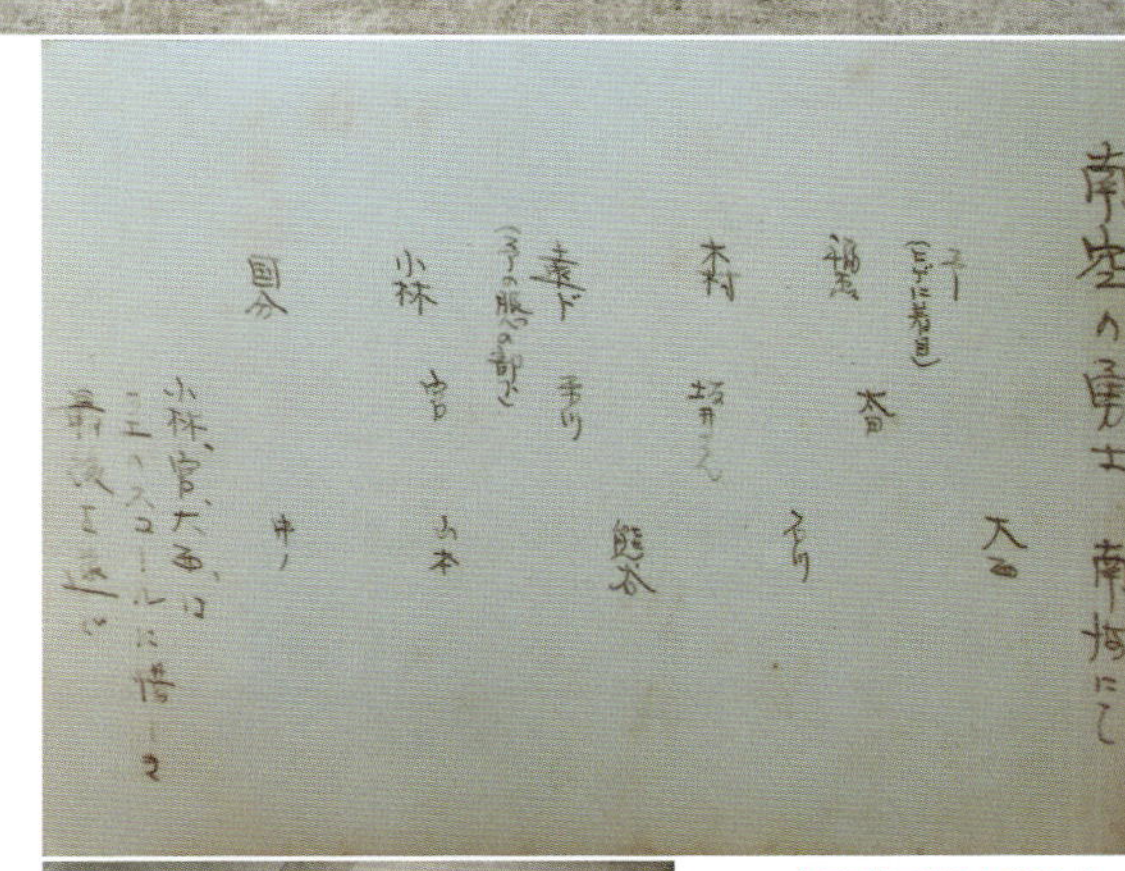
南空の勇士
予（ヒゲに着目）
遠ド（予の服心の部下）
小林　宮
大西
山本
小林、宮、大西は ラエのスコールに惜しき最後を遂ぐ

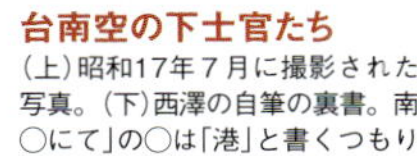

台南空の下士官たち
（上）昭和17年7月に撮影された写真。（下）西澤の自筆の裏書。南○にて」の○は「港」と書くつもりだったと思われる。

愛機とともに
愛機である零戦22型に搭乗している西澤。「俺は何機墜としたら表彰されるのかい？」と言ったほどの撃墜数を誇った。

　後列中央に「遠ド」（予の服心の部下）と書かれているのは乙飛9期の遠藤枡秋（えんどうますあき）三飛曹である。西澤の2期後輩にあたり、西澤が小隊長として出撃する時は、よく遠藤を列機に従え、腕利きの部下として信頼していた。台南空がラバウルを去る昭和17年の11月まで生き抜いたが、18年の6月に251空のルッセル島攻撃時に戦死した。14機撃墜。

　裏書の左下の添え書きには「小林、宮、大西はラエのスコールに惜しき最後を遂ぐ」とある。これは赤道に近いソロモン海で発生した積乱雲が毎日決まってニューギニア東岸にスコールをもたらすのだが、ラエ周辺はその通り道に当たるのか、よくスコールに見舞われ、飛行機の発着を阻まれた。この3人は何らかの理由で、やむを得ずスコールの中で発着を試みたのかもしれない。

　小林克己（こばやしかつみ）一飛曹は甲飛3期、大西要四三（おおにしよしみ）二飛曹は乙飛9期で、この2人はともに昭和17年の7月20日に行方不明になっている。甲飛4期卒業の宮運一（みやうんいち）二飛曹も含めて3人とも「惜しき最後を遂ぐ」と言うのだから、これから大いに活躍が期待されていたのであろう。

　彼らの闘いは敵との闘いだけでなく、自然との闘いもあれば、病気や負傷との闘いなどいくらでもあった。

慰問の手紙を読む搭乗員 昭和18年（1943）6月頃、日本の子どもたちから届いた慰問の手紙を読み、笑顔を見せる零戦搭乗員たち。右端が西澤。

こうして台南空は前出の下士官たちを中心とする強力な陣容を抱え、主としてポートモレスビーの米豪軍相手に勇戦奮闘し、多大な戦果をあげることで、無敵を誇る「ラバウル航空隊」という金字塔を打ち立てたのである。

その立役者の一人である西澤一飛曹は彼らとともに切磋琢磨し、自らの技量を高めながら、縦横無尽の活躍をして他の下士官たちの牽引役を果たした。

一方、オーエンスタンレー山脈をはさんで対峙するポートモレスビー基地の米豪軍は、初めのうちこそ台南空の容赦ない襲撃に手も足も出なかったが、やがて豊富な物量に物を言わせ、失われた飛行機や航空機材はたちまち補充されるだけでなく、かえって増強されていった。

同時に米豪軍の空襲も激しさを増し、しばしばラエ基地が奇襲を受けるようになり、時には甚大な被害をこうむるようになっていった。

ラエ進出から5カ月近くたった8月3日と4日、米豪軍によるラエ空襲の被害がひどくなり、もはや無視できなくなったため、台南空の搭乗員たちはラバウルへ引き上げることになった。

その3日後の8月7日、米機動部隊と海兵隊によるガダルカナル侵攻の報を受け、台南空の零戦18機は急遽出撃することになった陸攻隊を掩護して、かつてない長距離攻撃に出撃した。

この戦闘で西澤一飛曹は米艦上機F4

飛曹長時代

ある日の空戦で帰還が遅れた際、第11航空艦隊の草鹿司令長官は西澤の帰りを待ち続けたという。それほど優秀なパイロットだった。

豊橋航空隊基地にて

昭和17年（1942）12月、再びラバウルへの赴任を命じられた頃の西澤。

ラバウルの斎藤部隊

前列右から3番目が西澤。ラバウル航空隊が、連合軍相手に優位に戦えたのは昭和17年4月から8月ごろまでの短い期間だった。

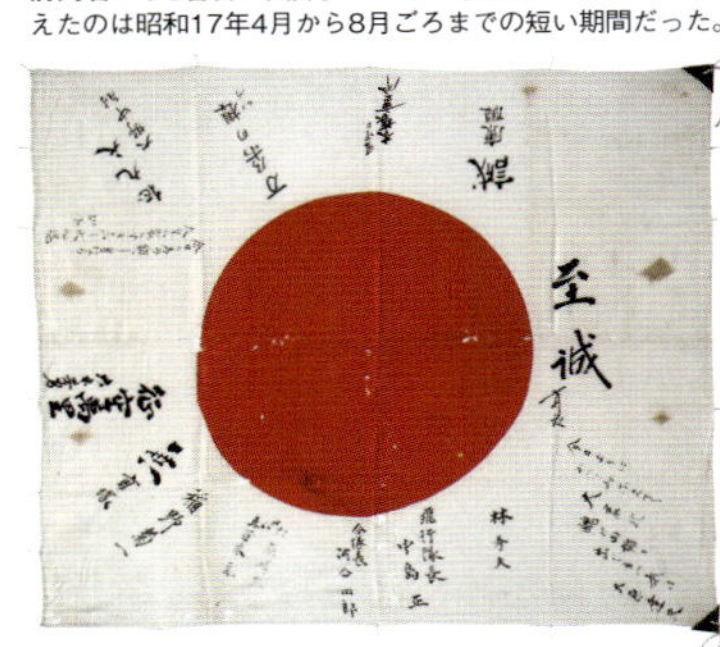

寄せ書きの日の丸

入院中に贈られた寄せ書き。司令斎藤大佐以下、指揮官全員の名前とメッセージが書かれている。

F・ワイルドキャットを6機撃墜、笹井中尉は5機、高塚飛曹長4機、太田二飛曹2機など多数の敵機を撃墜した。

坂井一飛曹も2機撃墜したが、右目に銃弾を受けて負傷し、数日後、治療のため帰国した。

西澤はこの日、6機撃墜を果たしたものの、翌日発熱し、マラリアと診断されてラバウルの海軍病院に入院することになった。

頼みとする2人の搭乗員を欠いた台南空はその後もガダルカナルやニューギニアでの戦いに出撃し続けたが、米豪軍の激しさを増す攻勢に押され、搭乗員の未帰還や行方不明は日を追って増え、台南空は歯が抜けたように寂しくなっていった。

8月26日には台南空の搭乗員たちの信望厚かった笹井中尉も帰ってこなかった。

こうして、ジリ貧状態に追い詰められた台南空の指揮官たちは、起死回生の頼みの綱として、海軍病院で臥せっている西澤一飛曹の一刻も早い回復を願い、斉藤司令以下指揮所の全員が日の丸に寄せ書きをして西澤に届けたのであった。

寄せ書きが功を奏したか、西澤は9月の終わりに原隊に復帰して、10月には実戦に加わることができるようになったが、その間にも、未帰還者や行方不明者が続き、10月21日には西澤の好敵手であった太田敏夫二飛曹が行方不明に、続いて腕利きの部下であった吉村啓作一飛曹が自爆戦死。10月の終わりには西澤の顔見知りの搭乗員は数えるほどしかいなくなっていた。

かくして、かつて天下無敵を誇った海軍最強の航空隊「台南航空隊」は人員機材とも消耗の末、11月1日付けをもって本国帰還命令が発令され、名称も第251航空隊に変わった。

この時点での西澤一飛曹の撃墜機数は30機といわれている。

251空が豊橋での練成を終えて、ラバウルへ進出してきたのは昭和18年の5月であった。半年後のラバウルをめぐる戦況は全く異なっていた。ソロモン諸島を北上する米軍はレンドヴァ島まで侵攻し、ニューギニアでは米豪軍が東岸の中ほどにあるブナまで来ていた。

この時、ラバウルには204空と582空がいて、ブーゲンビル島南端のブイン基地に進出し、主としてソロモン戦線で戦っていたが、これらラバウル航空隊にとって最大の悩みはこの2方面に同時に目を配らねばならないことであった。しかも、いずれの前線もラバウルから600キロ以上離れているのである。

西澤たち251空は早速両方面で奮戦を続けたが、ソロモン戦線での米軍が攻勢を強めていることから、西澤たちもブイン基地へ進出し、204空や582空とともに米軍の激しい攻撃にも怯むことなく奮戦した。

しかし、米軍の強力な物量攻勢には西澤たち251空も人員機材の消耗激しく、8月には解隊を余儀なくされた。251空での西澤の撃墜数は36機といわれている。

251空解隊の後、ラバウルのトベラ基地所在の253空に移った西澤は、ここでも連日襲ってくる米軍機の大編隊を相手に一騎当千の働きを見せた。

西澤が草鹿任一艦隊司令長官から「武功抜群」の感状と軍刀を賜ったのはこのころと思われる。

西澤は10月の末に253空を去って帰国するが、253空での西澤の撃墜数は20機で、西澤がトベラを去るときに隊長の岡本少佐に告げた総撃墜機数は86機だった。

8年間激戦地を飛び続けた最強の撃墜王

“天下一の零戦虎徹” 岩本徹三

鹿児島基地にて

ライフジャケットの背には「零戦虎徹」、軍隊では珍しい長髪。岩本の信念がうかがえる。写真提供／安部正治（以下同）

岩本徹三

- 公認撃墜数80機
- 非公認撃墜数202機
- 生没年／大正5年（1916）6月14日～昭和30年（1955）5月20日（享年39）
- 出身地／樺太
- 軍歴／昭和9年（1934）～昭和20年（1945）
- 最終階級／海軍中尉

3号爆弾と一航過一撃戦法で大空を駆けたエース

岩本徹三海軍中尉が第34期操縦練習生を卒業し、一等航空兵として佐伯海軍航空隊勤務を命ぜられたのが昭和11年12月26日のことである。

その日から昭和20年8月15日に岩国基地で終戦を迎えるまで足掛け10年の長きにわたる岩本徹三中尉の軍歴には畏敬の念を抱かずにはおれないが、その間の数々の波乱に富んだ戦いぶりとその卓抜な技量による多くの戦果もまた比類のないものであった。

彼は日華事変が勃発した翌年の昭和13年2月、第13航空隊付となり、同年2月24日、彼の初陣である南昌攻撃で中国軍機を相手に不確実撃墜1機を含む5機撃墜を記録、さらに、転属した第12航空隊でも4月29日の漢口攻撃で4機撃墜、1機不確実撃墜の戦果を上げ、司令賞を授与された。

その後、帰国するまでに14機の最多撃墜を記録して、下士官搭乗員としては異例の功五級金鵄勲章を授与された。この時、既に彼は日本海軍戦闘機隊のトップエースであった。

　太平洋戦争開戦時には、空母「瑞鶴（ずいかく）」戦闘機隊に配属され、真珠湾攻撃では母艦上空直衛任務に当たった。その後、インド洋作戦、珊瑚（さんご）海海戦に参加、母艦搭乗員としての実績を重ねた。

　帰還後、航空隊教員や基地航空隊勤務を経て、昭和18年3月、新設の281空に転勤して北千島（きたちしま）の幌筵島（ぱらむしるとう）の防空任務についた。11月に帰還すると、281空派遣隊としてラバウルへ進出することになった。

　この時から「ラバウル航空隊」に加わった岩本の活躍は、昭和19年の2月にトラック島へ引き揚げるまでの約3カ月間続くことになる。

　昭和18年11月14日、トラック島竹島（たけしま）基地を飛び立った岩本飛曹長たち281空派遣隊の16機が無事ラバウルに到着した時、ここには204空、201空、253空などがいて、連日襲ってくる敵の大編隊に対して必死の応戦を続けていた。

　岩本飛曹長たち281空はラバウル到着直後から、移動哨戒（しょうかい）任務に始まり、ブーゲンビル島の敵トロキナ飛行場攻撃や敵機来襲時の邀撃（ようげき）戦などに加わり、急ぎ戦況把握に努め、早速戦果を上げ始めていた。

　ラバウルでの厳しい戦いにも幾分慣れてきた12月の初め、横須賀（よこすか）航空技術廠（しょう）係員が「3号爆弾」と呼ばれる新兵器を内地から運んできた。多数の子爆弾を空にばらまくこの新兵器を試すという。その試験台として白羽（しらは）の矢が立ったのは岩本が分隊士を務める小隊であった。

　敵大型機の編隊の上空でこの爆弾を炸裂（さくれつ）させ、一度に何機も撃ち落とそうという高度な技量を要するものであった。敵機の編隊の上空から垂直に降下して、正確な位置に爆弾を投下した後は、そのまま下方に避退（ひたい）するのである。

　空戦なら相当の自信がある岩本分隊士ではあったが、こういう実験には経験がないので自信は持てなかった。

　12月9日、敵の戦爆連合の大編隊がいつものように爆撃を終わり、帰途につくのを待って、岩本以下4機の零戦は翼下に2発ずつの3号爆弾を抱えて突入を開

トベラ基地の253空搭乗員
昭和19年（1944）2月、補給が絶えた後も奮闘したトベラの253空搭乗員たち。2列目右から4番目が岩本。

3号爆弾投下要領図

3号爆弾を駆使して撃墜 新型の3号爆弾を使いこなした岩本。機体には撃墜数を表す桜のマークを描いていた。CG制作／後藤克典

訓練生時代 立っているのが岩本。昭和11年(1936)操縦練習生として霞ヶ浦航空隊に入隊以来10年にわたり最前線で戦った。

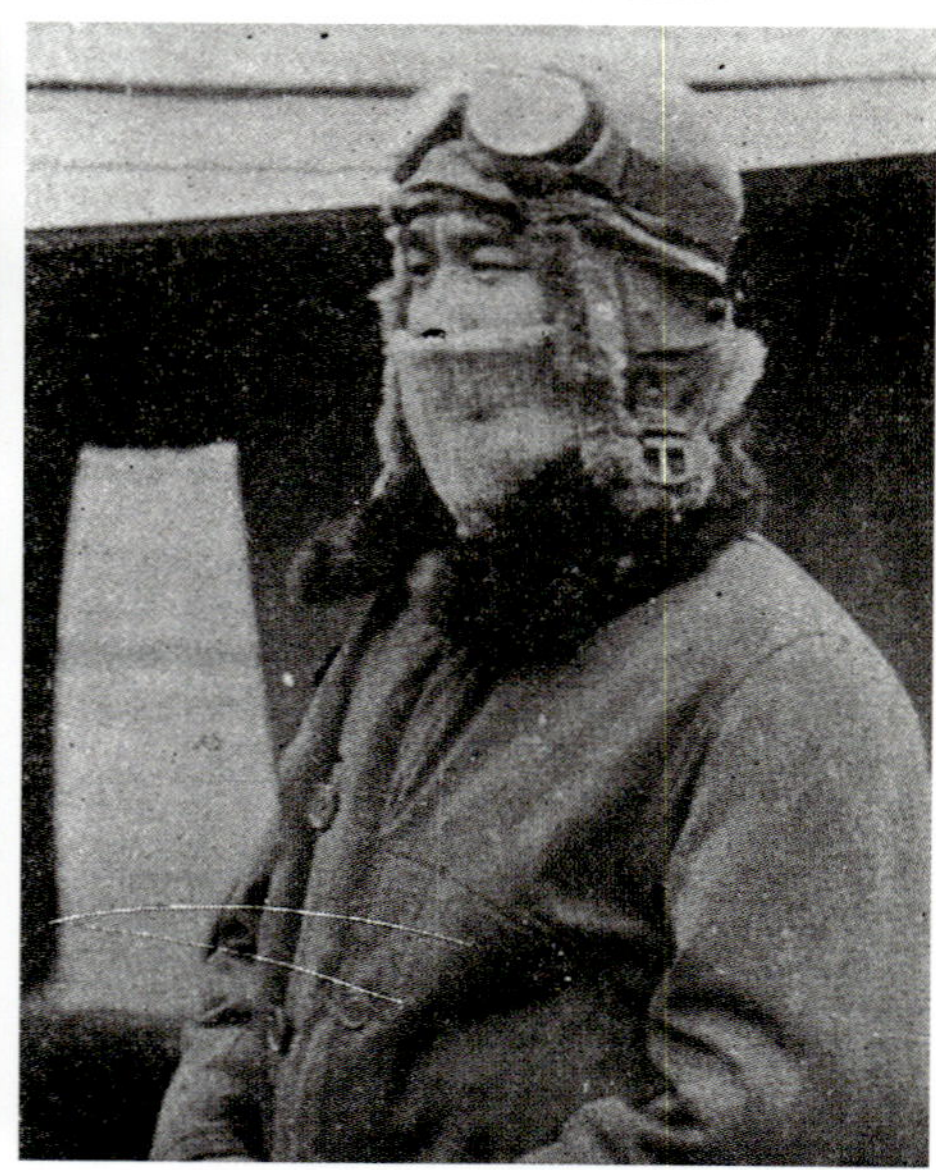

搭乗に備える岩本 霧の影響を受けると言われる北辺の幌筵島に赴任したころの岩本徹三。当時、上飛曹だった。

始、敵編隊の1000メートル前方、高度差600メートルで投下レバーを引き、そのまま全速で避退した。続く3機も次々に投弾し、無事に避退した。

岩本が振り返ってみると蛸足のような煙が数条残っているのが見えたが、戦果は不明で成功したかどうかの判断はつかなかった。そのため、次回改めて使ってみることになった。ただ、前線見張り所から詳細な報告が入り、零戦4機の突入後、稲妻のような閃光が見え、一度に16機の飛行機がまるで木の葉のように舞い落ち、さらに10機以上の敵機が海中に落ちたという。

それを聞いた岩本は話があまりにうますぎて実感がわかなかったが、司令と飛行長はこの成功を少しも疑わなかった。

瑞鶴戦闘機隊搭乗員

ハワイ空襲を翌日に控えた最新鋭空母「瑞鶴」の搭乗員たち。2列目右端が岩本。着艦が容易だったことに安心感を抱いたという。

その2カ月後の19年2月5日、トベラ基地の253空に所属替えになっていた岩本たちは敵戦爆連合の150機からなる大編隊を迎え撃つのに、再度3号爆弾を使うことになった。岩本分隊士以下6機は3号爆弾を抱いて発進し、敵のSBDドーントレスの編隊に対して、前回と同じ要領で投下した。その結果、一度に14機が墜落したという。これは6機の共同戦果ということになった。

空戦における彼の戦い方は、無駄に命を捨てる無謀な戦闘精神や虚勢とは無縁の、戦うべき時と退くべき時を冷静に見極めて戦いに臨むというものであった。その彼が好んだ戦法が「一航過一撃戦法」(P58「一撃離脱法」)であった。

休暇中の実家にて

休暇で帰省した時に撮影されたと思われる貴重な写真。零戦搭乗時とは全く違う側面が垣間見られる。

2月も半ばになると、ラバウルには連日米軍機の大編隊が押し寄せ、それを迎え撃つラバウル航空隊は消耗する一方であった。ラバウル航空隊で最も頼りにされている岩本分隊士率いる253空も日に日に消耗し、この頃には実働15機となってしまった。

2月14日も実働全機をもって岩本分隊士指揮のもと、敵の大編隊を迎え撃つために待機に入っていたところ、敵機数群がラバウル方面へ向かうという敵情報告が入り、全機発進した。

トベラ基地上空の高度1万メートルまで上昇、ラバウルから数十キロ離れた海上で警戒しながら、岩本分隊士は、この日は機数が少ないため、あまり無理な戦闘は避けるべきだと考えた。やがてカビエン方向から高度4000メートルから6000メートルで近づいてくる3群の40機から50機の編隊を認めた。

岩本分隊士はそのうちの一番近い編隊に対して、高度1万メートルから15機全機による「一航過一撃戦法」で攻撃をかけることにした。

敵は高度5000メートル、F6F4個中隊30機ばかりである。これに対し1万メートルより逆落としにズーミング攻撃をかけた。作戦どおり一航過一撃戦法で、上方から狙いを定めて射撃、そのまま外海に避退して安全海面にでた。

味方15機の一航過攻撃で、F6F5機が海上に墜落するのを確認した。敵F6Fの一部8機は僚機の仇を報じようと岩本たちを追ってくる。

岩本たちは余勢をかって反転、15対8機の空戦となったが、8機のうち2機を撃墜した。

連日このような苛酷な戦いを強いられていたが、やがて戦局は峠を越した。岩本は日本軍が転進あるいは後退と、一歩一歩敗戦へと近づいてゆくのを感じていた。

何百人というラバウル航空隊の戦友たちが散っていったが、彼らはラバウル魂を残していってくれた。ラバウル航空隊には尊い伝統と誇りがある。その誇りのためにこうして戦っているのだと岩本は思った。

トラック島の日本軍基地が米機動部隊の奇襲により壊滅的な打撃を受けたのは2月17日と18日のことであった。ラバウルの全ての航空隊は直ちにトラック島の警戒任務に当たるよう命ぜられ、20日には岩本たちもラバウルを去ることになった。事実上の「ラバウル航空隊」の終焉であった。

このあと岩本たちはトラック島の竹島基地に移動し、直ちに上空哨戒配備についたが、3月6日には、襲ってきた米大型爆撃機B24の大編隊に対し3号爆弾を投下、12機を撃墜した。壊滅的打撃を受けて意気消沈のトラック基地は久しぶりの勝利に沸いたのである。

菅野直、杉田庄一、笹井醇一……
大日本帝国海軍を代表するエースたちの戦いの記録！

零戦軍神列伝

零戦を操り、大空を駆けめぐったエース達。
ある者は度重なる出撃の末に斃れ、
ある者は過酷な戦場を生き抜いた。
己の命と誇りを賭けて戦った、
歴戦の勇者達の物語！

監修・文／**松田十刻**
まつだ・じゅっこく。1955年、岩手県生まれ。新聞記者、『地方公論』編集人を経て執筆活動に入る。主著に『紫電改よ、永遠なれ』（新人物文庫）、『山口多聞』、『山本五十六と米内光政の日本海海戦』（光人社NF文庫）、『撃墜王 坂井三郎』（PHP文庫）など。

文学を愛した血気盛んな「ブルドッグ」 菅野直

菅野直／大正10年（1921）10月―昭和20年（1945）8月。攻撃的な一面と、文学少年としての繊細な一面を併せ持った、破天荒な零戦パイロット。あだ名はブルドッグ。

反骨精神に満ちた怒れる撃墜王の軌跡

菅野直といえば、紫電改部隊の第343海軍航空隊（剣部隊）戦闘301飛行隊（新選組）隊長として活躍したことで知られる。だが、内地に戻るまでは零戦を駆って南洋で死闘をくりひろげた。

菅野は旧制中学の角田中学校（宮城県）時代、石川啄木に感化されて短歌を詠む文学少年だったが、難関の海軍兵学校へ進み、戦闘機の士官搭乗員になった。

戦局が悪化していた昭和19年（1944）4月、343空（初代・隼部隊）分隊長としてマリアナ諸島へ進出。6月のマリアナ沖海戦で、菅野はグラマンF6Fヘルキャット2機を撃墜したが、日本軍は空母3隻、艦上機378機を失う大敗北を喫した。隼部隊の解体後、第201航空隊に編入された菅野は戦闘306飛行隊の分隊長となり、7月中旬からヤップ島で米軍を迎え撃った。

日本軍を悩ませていたのはエンジンが4発ある爆撃機B24だった。菅野は爆撃機の直前上空から背面に切り返して急降下し、機首を攻撃、鼻先をすり抜けるアクロバット的な戦法を編み出す。この捨て身の攻撃法は紫電改でB29を迎撃するときの戦法にも応用される。

その後、フィリピン・ルソン島のマバラカット基地に移動。零戦を空輸するために内地に戻ったが、その間、兵学校同期の関行男大尉が10月25日、神風特別攻撃隊敷島隊の指揮官として戦死したことを知る。一説には現地司令部は菅野を最初の指揮官に考えていたという。

201空に復帰した菅野は特攻を志願するが許されず、特攻機の護衛につく。次第に理不尽な命令を下す上層部への不満を募らせ、たとえ上官であろうと曲がったことに対しては持ち前の反骨精神で食ってかかった。勇猛な戦いぶりでブルドッグのあだ名をつけられた菅野は人一倍部下思いであり、隊員から慕われた。

11月下旬、内地への帰還命令が下り、菅野は新生343空に配属された。終戦間近に戦死。死後2階級特進で中佐。撃墜数は72機（以下、いずれも推定）。

写真提供／雑誌『丸』

B24を攻撃する菅野機

ヤップ島にてB24の迎撃任務にあたった菅野。２機を一度に撃墜したこともあったという。ＣＧ制作／後藤克典

「ニッコリ笑えば必ず墜す」闘魂のファイター 杉田庄一

杉田庄一／大正13年（1924）7月－昭和20年（1945）4月。山本五十六の護衛に失敗。その後、菅野率いる「新選組」の一員として必死の戦いを繰り広げる。

P38

山本五十六隊を襲ったアメリカ軍の戦闘機。愛称はライトニング。一撃離脱戦法で多くの日本軍機を撃墜した。写真／アフロ

人生を変えた山本の死 生き残り同士の菅野との絆

昭和18年（1943）4月18日午前6時、ニューブリテン島のラバウル基地から、双発（エンジンが2つ）の1式陸上攻撃機が2機離陸した。2機を追って第204航空隊の零戦6機が飛び立ち、まもなく3機ずつで護衛についた。

1番機の陸攻には、前線視察へ向かう連合艦隊司令長官の山本五十六大将、2番機には参謀長の宇垣纏中将が座乗していた。1番機を護る零戦の3番機には、18歳という若さながら204空で最も多くの撃墜数を記録していた杉田庄一が乗っていた。

午前7時半、編隊はブーゲンビル島の上空にさしかかった。突然、エンジンつきの胴体が2つある双胴戦闘機P38ライトニングが16機現われ、陸攻2機を急襲した。杉田は必死になって2機を撃墜したが、多勢に無勢とあって防ぎきれずに陸攻2機とも炎に包まれた。海上に落ちた2番機の宇垣参謀長は九死に一生を得たが、山本司令長官は戦死した。

杉田の運命を変える痛恨事である。その後、護衛にあたった6人のうち4人は相次いで戦死、1人は重傷を負い、杉田も8月26日の空戦で大やけどを負って戦線を離脱、内地で治療を受けた。

昭和19年（1944）3月、263空（豹部隊）に配属され、グアム島に進出した。が、6月のマリアナ沖海戦で壊滅状態となり、生き残ったわずかな戦友とともに201空に編入になった。

杉田はここで343空（初代）の生き残りである菅野直大尉のもとで小隊長となった。2人は意気投合し、固い絆で結ばれる。杉田は爆撃機B17に誤って体当たりし、結果的に同機を撃墜した体験などを話した。菅野はそれをヒントに前方切り返し背面垂直降下攻撃を編み出し、B24の迎撃で威力を発揮する。

その後、新生の343空で紫電改に乗り、菅野率いる新選組の一員として戦った。が、4月15日、鹿児島の鹿屋基地を離陸直後に撃墜され、戦死した。戦死後に少尉。撃墜数は120機以上。

P38との死闘

迫りくるP38の弾丸を回避する杉田機。その背後には山本五十六が乗る一式陸攻が、撃墜され密林へと墜落する姿が。

坂井三郎も認めた「ラバウルの貴公子」
笹井醇一

笹井醇一／大正7年（1918）2月－昭和17年（1942）8月。坂井三郎の上司として赴任し、操縦技術を叩き込まれる。高い戦闘技術を誇ったが、ガダルカナル上空で戦死。

士官出身の美青年 その男気に坂井も惚れた

笹井醇一は海軍兵学校、飛行学生を経て、昭和16年（1941）11月、台湾の台南航空隊に配属された。ここで先任搭乗員の坂井から厳しく鍛えられた。笹井は俳優のような美男子でありながら闘争心にあふれている。坂井は階級の垣根を超えてその男気にほれ込んだ。

12月8日、台南空はフィリピンのアメリカ軍基地攻撃に参加。笹井は昭和17年2月3日、ジャワ島の基地攻撃中に初めて敵機を撃墜した。

台南空は4月、ニューブリテン島のラバウルに進出し、すぐにニューギニア島東部北岸の前進基地ラエに移った。数千メートル級の山脈を挟んだ南岸には連合軍の拠点ポートモレスビーがある。

5月4日、ポートモレスビーに出撃した笹井はアメリカ軍戦闘機P39エアラコブラ3機編隊を発見すると、たった1機で3機、しかも20秒ほどで撃墜する離れ業を演じた。援護に回った坂井はのちに自著に「三段跳び撃墜」と表現し、世界にも例がないだろうと記す。

笹井率いる中隊には、坂井をはじめ太田敏夫、西澤広義、本田敏秋、遠藤桝秋などの花形がそろっていた。だが、8月7日、アメリカ軍がガダルカナル島に上陸してからは情勢が一変する。台南空は片道560カイリ（約1040キロ）先での無謀な戦闘を命じられた。

この日、坂井が重傷を負い、奇跡的にラバウルに生還したが、治療のために内地へ戻った。笹井は父親から贈られたベルトのバックルを渡し、別れを惜しんだ。8月14日、笹井は両親宛に手紙を書いたが、くしくも坂井の誕生日である26日、ガダルカナルで戦死した。手紙で坂井を「海軍戦闘機隊の至宝」とたたえ、自らは「リヒトホーフェン（第一次世界大戦中のドイツの撃墜王）を追い抜くつもり」と記した。戦後、笹井は「ラバウルのリヒトホーフェン」と呼ばれる。戦死後、2階級特進で少佐。76回出撃し57機（27機とも）を撃墜。海軍兵学校出身の士官としては最多である。

笹井機による三段跳び撃墜
笹井機がＰ39を次々と撃墜していく瞬間を、ＣＧ再現。1機目はすでに堕ち、2機目も火を噴き落下。3機目を狙い撃つ。

坂井、西澤と並ぶ『台南空の三羽鳥』のひとり
太田敏夫

太田敏夫／大正8年（1919）3月－昭和17年（1942）10月。坂井、西澤といったトップクラスの撃墜王とともに三羽鳥と称された。ガダルカナルの戦いで未帰還。

心やさしき飛行機乗りの伝説の基地上空宙返り

　ラバウル航空隊とは本来、ラバウルに基地がある陸・海軍航空隊の総称だが、異彩を放った台南航空隊の代名詞的な意味で使われることが多い。その台南空において、太田敏夫は坂井三郎、西沢広義とともに三羽鳥とうたわれた。

　太田は昭和10年（1935）に佐世保海兵団に入団し、戦艦金剛に乗り組んだ。当時、海兵団出身者から下士官パイロットを養成する操縦練習生（操練）という制度があり、これに選抜されて同練習生課程を終えた。坂井ら海軍航空隊草創期の搭乗員の多くがこの制度によって軍艦から飛行機へと乗り移っている。

　中国戦線を経て台南空に配属された太田は、昭和16年（1941）12月8日のフィリピン攻撃で1機を撃墜した。

　昭和17年4月、台南空はラバウルに進出。太田は笹井醇一中尉の第2中隊に配属されてすぐに爆撃機B17を撃墜する手柄をあげた。ニューギニア島の前進基地ラエに移ると、5月27日、同島南岸ポートモレスビーにある連合軍の航空基地上空で、坂井、西澤と一糸乱れず連続3回の編隊宙返りを2度も演じ、地上で見上げていた敵兵を唖然とさせた。

　8月7日早朝、アメリカ軍がガダルカナル島へ上陸。笹井中隊を含む3中隊18機は1式陸上攻撃機27機を援護して上陸地点のルンガへ向かった。片道2時間以上もの長距離飛行である。陸攻隊は爆弾を投下したが、たいした戦果はなかった。零戦隊は敵機と交戦し、太田はグラマンF4Fワイルドキャット4機を撃墜した。だが、精神的な柱だった坂井は重傷を負い、本国へ引き揚げた。

　その後も台南空の猛者たちは連日のように出撃したが、片道だけで約1000キロもあるガダルカナルでの死闘で消耗し、犠牲者が相次いだ。10月21日、太田はF4F1機を撃墜したが、ついに未帰還となった。後年、坂井は太田について「戦闘機隊では珍しい貴公子的な存在だった」と評している。最終階級は飛行兵曹長（飛曹長）。撃墜数は34機。

家族を愛し、誰からも親しまれた『空の宮本武蔵』
武藤金義

武藤金義／大正5年（1916）8月－昭和20年（1945）7月。高い戦闘技術から「空の宮本武蔵」と呼ばれた。坂井と入れ替わりで「新選組」に異動、未帰還となる。

一機で敵機12機と渡り合った凄腕のエース

　武藤金義は、坂井三郎と同じ大正5年（1916）8月生まれで、ともに海兵団（武藤は呉、坂井は佐世保）出身で操縦練習生から戦闘機の搭乗員になった経歴をもつ。2人とも日中戦争のときから零戦の前身である96式艦上戦闘機に乗り、第12航空隊では短い間だが一緒に戦った時期がある。「金ちゃん」「さぶちゃん」と呼び合う仲だった。

　その後、昭和15年（1940）夏に登場した零戦に乗り換え、日中戦争を戦い、太平洋戦争を迎えた。

　すでに中国戦線で5機を撃墜していた武藤は歴戦の勇士としての風格があり、日米開戦時には台湾・高雄基地の第3航空隊に所属し、フィリピン攻撃に加わった。昭和17年（1942）、第252航空隊に移り、ラバウルに進出。ソロモン、ニューギニア方面の航空戦で活躍した。その後、横須賀海軍航空隊で教官やテストパイロットを務めた。

　その間、坂井は戦地で重傷を負い、内地で治療を受けたのち大村航空隊で教員をしていた。昭和19年（1944）5月、横空に着任すると、紫電の飛行実験をしている武藤と再会した。

　6月15日、アメリカ軍がサイパン島に上陸。横空は硫黄島への出動を命じられた。24日の戦闘では坂井がグラマンF6Fヘルキャット2機を撃墜するが、15機に追撃されてあやうく難を逃れた。一方の武藤は4、5機を撃墜した。だが、サイパン守備隊が全滅し、硫黄島の零戦も連日の猛爆で底をつき、武藤らは守備隊に別れを告げて引き揚げた。

　昭和20年（1945）2月17日、紫電に乗り、グラマン12機を相手に2機撃墜し、「空の宮本武蔵」と呼ばれるようになった。6月、武藤は第343航空隊にいた坂井と交代するかたちで同空戦闘301飛行隊に異動となり、菅野直の護衛役を務める。それ以降、紫電改を駆って物量でまさるアメリカ軍に立ち向かうが、7月24日の空戦で未帰還となった。死後に中尉。撃墜数は30機。

谷水竹雄

「米軍標識に矢」撃墜マークはエースの証

谷水竹雄／大正8年（1919）4月―平成20年（2008）3月。昭和15年に発足した丙種飛行予科練習生の出身。度重なる危機を生き抜き、戦後は独自の撃墜マークで有名に。

相次ぐ死の危険をかいくぐり大戦を生き抜く

谷水竹雄は、昭和17年に編制された第6航空隊に配属。その後、特設空母大鷹の初代搭乗員、大村航空隊の戦闘機教員を経て、空母翔鶴の戦闘機搭乗員となる。昭和18年11月、トラック島に待機していた第1機動部隊の翔鶴、瑞鶴、瑞鳳の艦上機約200機は増援部隊としてラバウルに進出した。谷水も地上基地から発進して双発爆撃機のB25やB26、双胴戦闘機P38の迎撃にあたった。が、アメリカ軍の猛攻の前に、実戦が少ない空母搭乗員の多くが戦死した。

12月、3空母から選ばれた搭乗員で瑞鶴戦闘機隊ラバウル派遣隊が編制され、谷水は253空の指揮下に入った。ここでも連日の迎撃戦で派遣隊の消耗が著しく、生存者は昭和19年2月、後方部隊への異動を命じられた。谷水は台南航空隊（2代目）の教員となった。

11月3日、中国福建省の厦門基地に派遣されていた谷水は、飛行場に着陸しようとしたとき、P51ムスタング2機の急襲を受けて火傷を負い、からくもパラシュートで脱出した。海に落ちたが、中国人に助けられ、厦門海軍病院で治療を受けたのち、台南基地に生還した。

ところが治療中に転勤命令が下り、神風特別攻撃隊金剛隊の隊員となった。谷水は特攻を覚悟したが、「夜間戦闘もできるA級の搭乗員を死なすのは早い」との上層部の判断で、鹿児島県・笠ノ原で錬成中の203空に転属となった。

谷水は味方の士気を鼓舞するために、アメリカ軍の軍用機につけられている星マークを矢で貫く独特の撃墜マークを考案し、愛機の零戦（52丙型）の機体に描いた。これは谷水のトレードマークとして有名になった。その後も零戦一筋で戦い、終戦を迎えた。最終階級は上等飛行兵曹（上飛曹）。撃墜数は32機。

角田和男

過酷な戦場を生き抜き、貴重な証言を残した

角田和男／大正7年（1918）10月11日―平成25年（2013）2月。ラバウル、硫黄島、フィリピンと激戦地を転戦しながらも、戦争を生き抜いた。戦後に著書を発表し、零戦の栄光と悲劇を伝えた。

修羅の翼
太平洋戦争を生き延びた角田は、戦後自らの体験を記した著書『修羅の翼―零戦特攻隊員の真情』（光人社）を発表した。

特攻の直前に終戦 自身の体験を語り継ぐ

昭和20年（1945）8月15日、台湾の基地にいた角田和男は、特攻隊員として飛び立つばかりになっていた……。

角田は予科練習生から戦闘機搭乗員になった。昭和15年には第12航空隊に配属となり、漢口基地において最新戦闘機の零戦に乗りこんだ。

昭和17年（1942）5月、第2航空隊に転属となり、8月6日にラバウルに進出した。翌7日、アメリカ軍がガダルカナル島に上陸。これ以降、ソロモン海域での戦闘に追われた。昭和18年6月、内地への帰還を命じられ、厚木航空隊（戦闘操縦士錬成部隊）の教官に就いた。

昭和19年（1944）3月、252空302飛行隊分隊士となり、硫黄島に進出したが、圧倒的な数の航空機で押し寄せるアメリカ軍の前に零戦隊は壊滅した。10月にはアメリカ軍がレイテ島に上陸。302空はフィリピンの基地に進出した。

30日、角田はセブ基地指揮官で201空飛行長の中島正少佐から、第1神風特攻葉桜隊の2隊のうち1隊（3機）の直掩（護衛）をするように命じられた。角田は爆弾を抱えた零戦（爆戦）に乗りこんだ若い特攻隊員を見て胸が詰まった。それでも心を鬼にして中型空母に激突する3機を見届けた。

11月6日、角田はセブからルソン島のマバラカット基地へ零戦4機の空輸を命じられた。だが、飛行中にエンジンが不調となり、マニラのニコラス基地に不時着した。そこで第1航空艦隊司令長官の大西瀧治郎中将から「欠員が出たから隊員を1人だすように」と命じられ、自ら志願した。その日から、いつ特攻を命じられるかわからないまま爆装した特攻機の直掩を続けた。ついに台湾の宜蘭基地で特攻命令が出て爆戦に乗りこむと、突然に出撃が中止になった。その日が終戦の日とわかったのは数日後のことである。最終階級は中尉。撃墜数は13機、共同撃墜数は100機前後。

藤田怡与蔵

歴戦の零戦乗りから、戦後は民間機パイロットへ

藤田怡与蔵／大正6年（1917）11月ー平成18年（2006）12月。零戦を駆って大戦を生き抜いた藤田は、戦後日本航空に入社。ジャンボ機のパイロットとして活躍した。

豪快にして勇猛 特攻命令に抗議

藤田怡与蔵は太平洋戦争を戦い抜き、戦後は日本航空のパイロットとなり、同社が導入したジャンボ機の初代機長を務めた。戦争と平和の時代を飛行機とともに生きた空の快男児である。

藤田は海軍兵学校卒業後、飛行学生を経て、昭和15年（1940）、大分海軍航空隊に入隊。昭和16年9月、空母蒼龍の戦闘機（零戦21型）搭乗員となり、12月8日のハワイ作戦に参加した。

藤田は飯田房太大尉率いる第2次攻撃隊第3制空隊小隊長として出撃。第3制空隊はカネオヘ海軍飛行場を攻撃したが、第3制飯田は機体に被弾して燃料漏れを起こしたことから基地へ突入し、自爆した。藤田は悲憤したが、冷静な判断で中隊を率い、カーチスP36との空戦でもひるむことなく戦い、1機を撃墜した。

蒼龍は機動部隊（第1航空艦隊）第2航空戦隊の一員として、昭和17年（1943）2月のポートダーウィン（オーストラリア）空襲、4月のセイロン沖海戦と転戦。そして、6月5日のミッドウェー海戦を迎えた。

この海戦にはハワイ作戦に出撃した空母6隻のうちの4隻（赤城、加賀、飛龍、蒼龍）が参加したが、4隻とも撃沈されるという大敗北を喫し、多くの搭乗員を失った。藤田は機動部隊の上空で敵機10機を撃墜。第2次世界大戦中、1日の撃墜数としては8番目の記録という。だが、味方の対空砲火で被弾し、パラシュートで脱出。漂流4時間のあと幸運にも味方の駆逐艦に救助された。

その後、空母飛鷹に配属され、2度にわたりラバウルの地上基地に派遣され、迎撃戦をくりひろげた。昭和18年に内地に帰還してからも、301空や341空の戦闘隊長として硫黄島、台湾、フィリピン・ルソン島などの激戦地で死闘を重ねた。藤田は特攻隊に反対し、上級部隊の司令部にも抗議している。

昭和20年8月15日、筑波空福知山分遣隊にいたときに終戦を迎えた。最終階級は少佐。撃墜数は39機。

鴛淵孝

25歳の若さで散った、心やさしき大空の戦士

鴛淵孝／大正８年（1919）10月ー昭和20年（1945）７月。若くして命を散らした、優秀なパイロットの１人。士官でありながら、現場の部下にも愛された。

誰からも慕われた青年士官の鑑

鴛淵孝は、菅野直と同じく紫電改部隊の第343航空隊戦闘701飛行隊（維新隊）隊長としての印象が強いが、零戦を駆ってラバウルやフィリピンなど最前線で戦った歴戦の勇士である。

海軍兵学校では1期上の笹井醇一から弟分のようにかわいがられたという。昭和17年（1942）2月、鴛淵は戦闘機専攻学生として大分航空隊に入隊。横須賀航空隊、大分空の教官を経て、昭和18年3月に第251航空隊分隊長となり、5月にラバウルへ進出した。

251空の前身は台南航空隊である。台南空といえば坂井三郎や西澤広義、太田敏夫、笹井醇一などが活躍した航空隊だが、消耗が激しかったことから、前年11月に再編制された。そのために鴛淵はラバウル航空隊の全盛時代を知らない。

9月、251空は双発の夜間戦闘機「月光」による夜間専門部隊となり、零戦に乗っていた鴛淵は同じくラバウルを拠点にしていた253空に転属になった。

連合軍の大攻勢の前に苦戦が続くなか、鴛淵は11月、内地の厚木航空隊勤務を命じられた（同空は戦闘機操縦士錬成部隊であり、「雷電」を擁した厚木航空隊こと302空とは無関係）。昭和19年、厚木空は実施（実戦）部隊として203空に改編され、3月に千歳飛行場に進出。千島列島の防空にあたった。7月には戦闘303飛行隊と同304飛行隊に改編され、鴛淵は304飛行隊長に就いた。

その後、203空はフィリピン・ルソン島に進出し、連合軍の迎撃や特攻隊の援護などにあたるが、鴛淵は11月1日、セブ島上空での空戦で負傷し、内地に帰還した。別府の海軍病院で治療を受けたのち、昭和20年1月、343空に配属され、紫電改で本土防衛にあたった。7月25日の空戦で武藤金義らと戦死。鴛淵は人格的にも優れ、青年士官の模範として隊員から慕われた。最終階級は少佐。撃墜数は5ないしは6機。

零戦は今も飛び続ける！
世界の空を飛行する貴重な3機の空撮シーン

現存する零戦の勇姿

日本人のみならず欧米航空関係者にとっても、零戦は特別な存在だ。世界各国には実に20機以上もの零戦が、何らかの形で保存されている。さらに、半世紀余の時空を超越して、今なお飛び続ける零戦も複数機が現存する。諸外国で零戦は一介の兵器ではなく、航空技術遺産と認識されているからだ。

監修・撮影・文／**藤森篤**

ふじもりあつし／1954年長野県生まれ。日本大学理工学部航空宇宙工学専修コース卒業後、『月刊コンバット★マガジン』編集長を経て独立。以後20余年間、世界各国を訪ね歩き現存する飛行可能な第2次大戦機を取材・撮影。著書は『日本陸海軍基幹兵器大全』（徳間書店）『零戦は、いまも世界の空を飛ぶ』『現存零戦図鑑Ⅰ/Ⅱ』『現存零戦アーカイブ』『世界の傑作戦闘機Best5』（枻出版社）など多数。

米国の空を飛行する零戦21型。驚異的な空戦性能や滞空時間など零戦の性能を最も発揮して敵機を次々と撃ち落し、零戦最強伝説を築いた。飴色に輝く機体が美しい。

ソロモン諸島ルッセル島で発見！
「伝説」を築き上げた最強の零戦

零戦21型

A6M2b 米テキサス・フライング・レジェンド航空博物館所属

大戦中期までの標準塗装"現用飴色"（海軍規格名称：灰色J3?）を纏い、垂直尾翼に第1航空戦隊・空母「瑞鶴」所属を示すＡＩ-Ｉ-129を記している。

米加2カ国にまたがる新造作業を経て進空

飛行可能な状態を維持して、アメリカに5機が現存する零戦の中で、もっとも機歴が新しく、唯一の21型である本機は、1968年にソロモン諸島バラレ島他で回収した8機分の残骸が基になっている。まず3機が復元された後、余った残骸はカナダ・ブレイド社が引き取り、航空博物館や大戦機収集家に、飛行可能な復元零戦を販売する計画であった。しかし残骸の中で、飛行に耐える部材はごく一部に過ぎず、必然的に機体の大部分は新造せざるをえなかった。結果的にブレイド社は、財政難から1990年代半ばに倒産してしまったのである。

やがて1999年になり、カナダと隣接する米ノースダコタ州で、この計画の頓挫を惜しむ航空関係者4人が、新たにダコタ・ブレイド社を設立。翌2000年1月から作業が再開した。部材の新造に当たり、アルコア社（米最大のアルミ会社）が残骸の入念な調査を行い、主要な機体外板は当時の素材に近い現行規格品2024、焼き入れ超々ジュラルミン（ESDT）製の主桁には、同7075の導入が決定した。そして4年余の歳月を費やして完成した零戦21型は、ルッセル島で回収した残骸と同じ部隊標識AI-I-129を描いて2004年7月29日、初飛行に成功したのである。

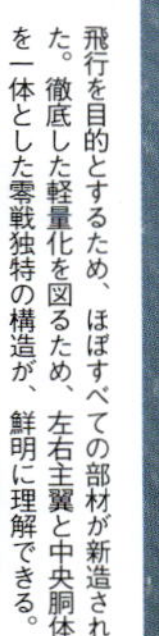

飛行を目的とするため、ほぼすべての部材が新造された。徹底した軽量化を図るため、左右主翼と中央胴体を一体とした零戦独特の構造が、鮮明に理解できる。

初期型零戦で外観上の大きな特徴となった通称〝オチョボグチ〟。栄12型発動機の気化器は昇流式のため、カウリング下面に突出した空気取入口を設けている。

稼働する栄12型発動機は入手不可能なため、代替として米国製P&W　R-1830-75を搭載。栄発動機の設計手本となっただけに、機首に違和感なく収まる。

傑出した低速操縦性能と極めて低い翼面荷重、間隔の広い主脚が相まって、現役パイロットは零戦を「最も離着陸がやり易い戦闘機」と絶賛する。

空母エレベータの幅に合わせて、主翼両端を50㎝ずつ跳ね上げる折りたたみ機構を装備。なお一部鋼材は、回収機の部品を再生して利用している。

新品同様の操縦席は97式7・7㎜機銃と98式射爆照準器こそ未装備だが、造作は非常に忠実。飛行するため主要計器類は現行米国製に換装しているが、水平計や傾斜計、旋回計等は修復した原型機の物を装備する。

「直線が見当たらない」と形容される美しい紡錘形を描く胴体、アスペクト比の高い長大な主翼は、堀越二郎技師が心血を注いだ空力的洗練の極致である。

同世代の列国戦闘機には見られない12m幅の主翼が、翼面荷重を下げて軽快な運動性能と比類なき航続性能を引き出す共に、優美なフォルムの根源となった。

バボ飛行場跡で回収した残骸を基に
新造したロシア製零戦

零戦22型

A6M3 コメモラティブ・エアフォース所属

応急的な濃淡2色の濃緑迷彩が、最前線配備機であったことを伺わせる。部隊標識はバボに展開した第202航空隊の前身、第3航空隊のX-133を描く。

ソ連邦の崩壊によって誕生した3機の新造零戦

ニューギニア西端に設営されたバボ飛行場は、かつて中継基地として多種多様な日本陸海軍機が展開していた。そこに目を付けた米国人発掘家は、１９９１年に同飛行場跡の調査を行い、複数の日本軍機の残骸を本国に持ち帰った。その中に極めて良好な状態を保つ、三菱製零戦22型第３８６９号機があった。

この零戦はカリフォルニア州の航空博物館オーナーに売却された後、コンテナに詰めてロシアの軍需工場に運び込まれた。実はソ連邦の崩壊により、仕事を失った同工場は、第２次大戦中に生産していたＹａｋ９戦闘機を、18機も再生産して航空博物館や大戦機収集家に販売した実績があったのだ。しかも新生ロシアの軍需産業は、かつて新鋭ジェット機さえも生産していただけに、設備は高度で優秀な技術者が揃っている。そのうえ労働力は豊富で、賃金も欧米とは比較にならないほど格安なため、零戦の新造は決して難しい話ではなかったのだ。そこで零戦22型３８６９号機から、各部材の寸法を割り出して新造する〝リバース・エンジニアリング〟を駆使して、短期間のうちに3機の零戦22型が新造された。その第1号機が、世界最大の大戦機保存組織ＣＡＦ（コメモラティブ・エアフォース）に所属する本機なのだ。

回収機の栄21型発動機は再生不可能なため、代替に米国製P&W R-1830-94を搭載。噴出する排気煙から集合排気管であることが理解できる。

操縦席の銘板はオリジナルを流用しているほか、キリル文字の注意書き脇に英語訳まで記されて国際色豊か。本機がロシア製であることを物語っている。

主脚柱は回収機の物にスリーブを挿入して再利用。「萱場製作所」の銘板も健在だ。ただしブレーキは米軍機から転用したディスク式に変更されている。

バボ飛行場跡に放棄されていた三菱製零戦22型第3869号機。カウリングと胴体、主翼の一部、羽布張り部等は欠損しているが、状態は極めて良好だ。

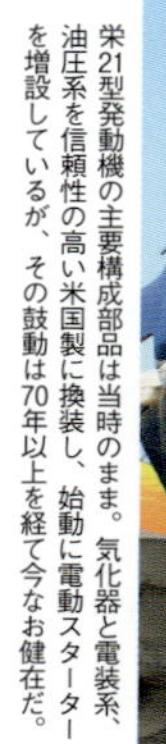

栄21型発動機の主要構成部品は当時のまま。気化器と電装系、油圧系を信頼性の高い米国製に換装し、始動に電動スターターを増設しているが、その鼓動は70年以上を経て今なお健在だ。

計器類の一部を米国製に変更し機銃間に無線機を増設しているが、操縦席の造作はほぼ原型機に忠実。フットバー（方向舵踏み棒）は操作性重視で、英シーフューリー戦闘機の流用品だ。

防弾鋼鈑非装備のため後方視界は良好。徹底した軽量化を図るため、背当て板には肉抜き孔を空けている。なお座席は大柄な米パイロットに合わせて、取付位置を約15㎝後退させてある。

52型から導入された排気圧を速度に変換する推力式単排気管は、驚くべきことにオリジナル。カウルフラップが全開状態で、その形状がよく解る。

当時の栄21型発動機で
飛行する唯一無二の零戦！

零戦52型

A6M5 プレーンズ・オブ・フェイム航空博物館所属

大戦後期の標準塗装となった上面＝濃緑黒色／下面＝灰色を纏い、部隊標識は捕獲機と同じ第261海軍航空隊、通称「虎部隊」を示す61-120を記す。

米軍が民間に放出した戦時下の捕獲機を完全復元

前出2機が、回収した残骸を基に新造されているのに対して、プレーンズ・オブ・フェイム航空博物館（以下POF）が所有する零戦52型は、大戦末期に米軍がサイパン島で捕獲した機体である。米本土へ移送されたこの零戦は、飛行試験を実施した後、戦後に余剰物資となり民間へ放出された。それを私費で購入・復元したのが、日本軍機に造詣が深いPOF創設者E・T・マロニー氏である。

　米軍から払い下げられた時点で、機体には大きな傷や腐食が見られず、一部の部品が欠損している以外は、オリジナルに近い非常に良好な状態を維持していた。とはいえ、戦後30年間近くも放置されていたので、再飛行に必要な強度を確保し米連邦航空局の認証を取得するため、8本の主桁は新造する必要があった。零戦の主桁は強度こそ高いが、耐腐食性が劣る焼き入れ超々ジュラルミン製のためだ。そこで性質が近い現行規格ジュラルミン素材から、手の込んだ切削加工で新たな主桁が新造された。さらに機体外板も、ほぼ全面的に張り替えている。また計器類と無線機、電装系も米国製に換装されたが、変更は最小限に留められた。そして約5年間もの歳月を費やして、1978年に復元作業が完了し、2度目の初飛行に成功したのである。

日本に現存する零戦

河口湖自動車博物館・飛行館

● 山梨県鳴沢町

零戦21型 A6M2b

零戦52型 A6M5

河口湖自動車博物館・飛行館提供

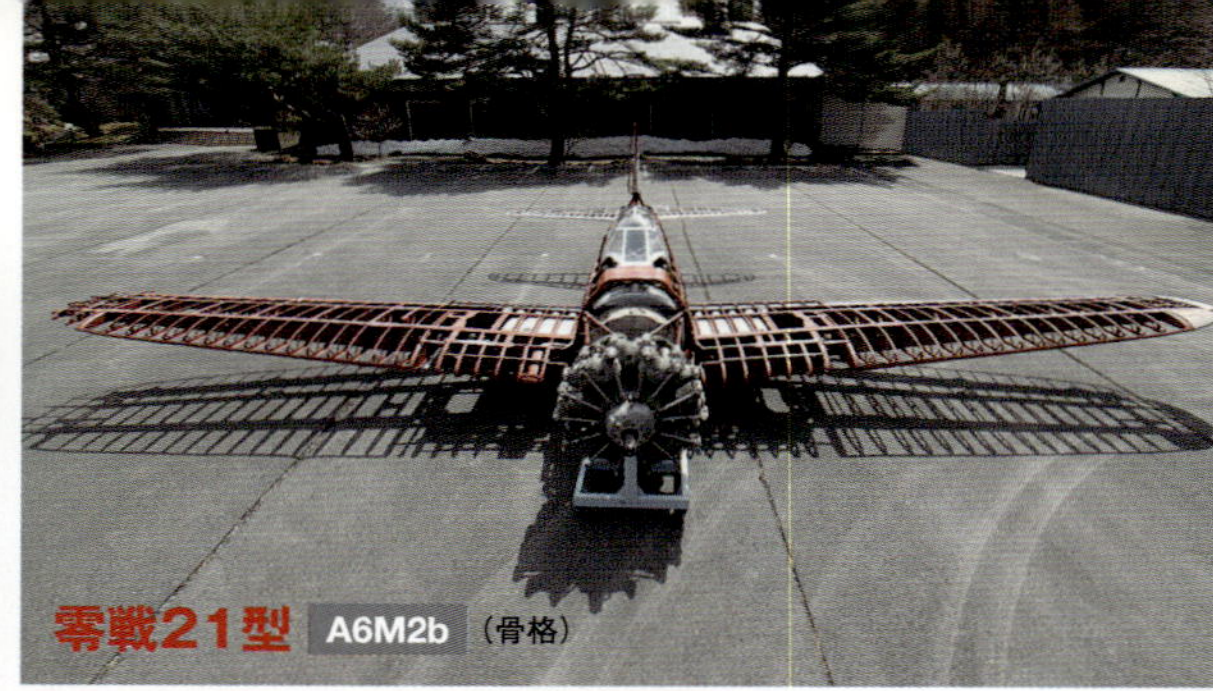

零戦21型 A6M2b （骨格）

毎年8月に1カ月間だけ公開される
世界有数の復元忠実度を誇る3機の零戦

山梨県河口湖の河口湖自動車博物館に併設されている飛行舘は、毎年８月の１カ月間だけ開館する日本では希有な私設航空博物館だ。展示する零戦21型は、南洋諸島で回収した残骸から実に10年間を費やして復元され、部材の90%以上はオリジナルを使用しているため、世界各国の航空博物館が所蔵する零戦と比較して、最高水準の復元忠実度を誇る。もう1機の零戦52型も同様に、高い忠実度を保って復元されている。さらに零戦21型の内部構造が理解できる骨格状態の機体は、他の博物館ではまずお目にかかれない、極めて貴重な展示物である。

靖國神社遊就館

● 東京都千代田区

零戦52型 A6M5

靖國神社遊就館提供

ラバウル航空基地跡で発見・回収
複数機の残骸を合体・復元した52型

靖國神社には戦没者や軍事関係の史料等を収蔵・展示する遊就館（ゆうしゅうかん）が併設されている。数多い展示品の中でも、ひときわ目を引くのが零戦52型であろう。本機の出所は、1975年にニューブリテン島ラバウルの海軍航空基地跡で発見・回収した、第4240号の主翼と胴体である。さらに河口湖自動車博物館・飛行舘の館長・原田信雄氏が、1984年にミクロネシア連邦ヤップ島から回収した、零戦5機分の残骸を加えて復元された。垂直尾翼には昭和18年末、マーシャル諸島ルオット島に展開して、米軍邀撃に奮戦した第281海軍航空隊の部隊標識を描いている。

国立科学博物館

● 東京都台東区

零戦21型複座型 A6M2b

国立科学博物館提供

ラバウル工廠で再生した
偵察・攻撃用の複座21型

戦線の後方に取り残されたニューブリテン島ラバウル海軍工廠（こうしょう）は、現地改造で複数の機体を組み合わせて異色の複座21型を再生。偵察や爆撃にも投入するため、後席を増設して後部風防も延長し、胴体下面には偵察写真撮影窓を設けている。1973年に豪人戦史研究家が、同島沖で回収し復元した機体を、元日本大学教授が購入して国立科学博物館に寄贈した。収蔵から長らく当時の状態を保って展示されていたが、新館の開設を期に粗雑な外板張り替え、不適切なネジ類を使った稚拙な補修作業を施したため、オリジナル度が大幅に損なわれてしまったことが惜しまれる。

航空自衛隊浜松広報館エアパーク

● 静岡県浜松市

零戦52型甲 A6M5a

グアム島から帰還した国内初の復元零戦

1963年にグアム島で発見された本機は、米国との交渉によって日本に返還された。そして生誕の地である三菱重工大江工場に搬入され、復元作業が施され翌年には完成した。当時は自衛隊の広報活動として、“防衛博覧会”が催されており、零戦はその目玉展示物に駆り出され、日本各地を巡業したのである。その後は長らく、浜松基地の格納庫に保管されていたが、1999年から広報館エアパークが安住の地となり、天井吊りで翼を休めている。

海上自衛隊鹿屋航空基地史料館

● 鹿児島県鹿屋市

零戦52型 A6M5

鹿屋航空基地提供

海底から引き揚げた2機を合体して1機に復元

1992年３月、鹿児島県垂水市まさかり海岸で、漁網に絡まった零戦21型の残骸が引き揚げられた。さらに同年10月には、加世田市吹上浜の海底から、零戦52型丙の残骸も引き揚げられた。２機の残骸は鹿屋航空基地に搬入され、三菱重工技術者の指導を受けて、海上自衛隊整備隊員たちの手で復元された。しかし両機ともに欠損部が多く、それぞれを完全な形に仕上げることは不可能なため、合体して１機の零戦52型として復元された。

大刀洗平和記念館

● 福岡県筑前町

零戦32型 A6M3

大刀洗平和記念館提供

特攻出撃ゆかりの地に現存する唯一の32型

主翼端を50cm切り詰めて、角形に整形した『二号零戦』こと零戦32型は、本機が世界唯一の現存機である。その出所は元米海軍軍人が、マーシャル諸島タロア島で発見してサイパン島へ持ち帰り、途中まで復元を試みた機体だ。情報を得た福岡航空宇宙協会は、同氏と交渉を行い、譲渡された機体を福岡港へ運んで応急補修を施し、しばらく福岡天満宮に展示した。その後、紆余曲折を経て現在の大刀洗平和記念館に寄贈されたのである。

知覧特攻平和会館

● 鹿児島県南九州市

零戦52丙 A6M5c

ありのままの真実を後世に伝える未復元零戦

生々しい姿の零戦52型丙は、1980年６月に鹿児島県甑島手打港沖合の海底から引き揚げられた。本機は昭和20年５月、沖縄方面へ向かう途上、エンジン故障で不時着水した。部品の製造番号から中島製第62343号機と推測され当時、鹿児島基地に展開していた第203海軍航空隊所属機の可能性が高い。同館は限られた予算で、中途半端に復元するよりも、ありのままの姿で真実を伝えるべきとの判断を下し、あえて未復元で展示している。

呉市海事歴史科学館大和ミュージアム

● 広島県呉市

零戦62型 A6M7

琵琶湖から引き揚げた零戦の最終量産型

実質的に最終量産型となった62型である本機は、第210航空隊所属・吾妻常雄中尉の操縦で、敗戦間際の昭和20年8月9日、琵琶湖上空で機銃試射を行った際に、エンジンが停止して不時着水に至った。1978年にこの機体を京都の古物収集家が、琵琶湖の湖底から引き揚げ、簡易的に復元した。やがて古物収集家が破産して、宙に浮いた状態の零戦62型を、呉市が買い取って徹底的な修復を施し、大和ミュージアムに収蔵されたのである。

三菱重工名古屋航空宇宙システム製作所史料室

● 愛知県豊山町

零戦52型甲 A6M5a

三菱重工業株式会社提供

不足部材は原図から製造した本家の復元零戦

この零戦52型甲第4708号は、1983年にミクロネシア連邦ヤップ島で発見された残骸を基に、三菱重工社員の手で復元された。回収された残骸の状態は、決して良好といえなかったが、さすが本家だけに原図の80％程度が保存されており、不足している部材・部品等の製造は、比較的順調に進んだ。1990年に完成し史料室に収蔵された本機は、社内資料のため原則的に公開されていない。しかし事前に申し込めば、一般人でも見学は可能だ。

特別編集

完全保存版
零戦の真実
2015年8月5日　初版第1刷発行

編　者　歴史人編集部

発行者　栗原武夫

発行所　KKベストセラーズ
〒170-8457
東京都豊島区南大塚2丁目29番7号
電話　03-5976-9121(代)
03-5976-9174(編集部)
http://www.kk-bestsellers.com/

装　幀　野村高志+KACHIDOKI

印刷所　近代美術株式会社

製本所　ナショナル製本協同組合

ISBN978-4-584-16639-0　C0021